Arbeitsheft Mathematik für MTL und MTR

Udo Lunkenbein

Thieme

Literatur

Bundesministerium für Gesundheit und soziale Sicherung:
Ausbildungs- und Prüfungsverordnung für technische Assistenten in der Medizin (MTA-APrV), 25. April 1994
Baltes, P.B.: Entwicklungspsychologie der Lebensspanne: Theoretische Leitsätze. Psychologische Rundschau, 1990
Bourne, L.E., B.R. Ekstrand: Einführung in die Psychologie, 2. Aufl. Verlag Dietmar Klotz, Eschborn 1997
Flindt, R.: Biologie in Zahlen, 5. Aufl. Spektrum Akademischer Verlag, Heidelberg 2000
Hagemann, P., K. Rosenmund: Laboratoriumsmedizin, 5. Aufl. S. Hirzel Verlag, Stuttgart/Leipzig 1996
Hermann, H.-J.: Nuklearmedizin, 4. Aufl. Urban & Schwarzenberg, München 1998
Keidel, W.D.: Kurzgefasstes Lehrbuch der Physiologie, 5. Aufl. Thieme, Stuttgart 1979
Lange, S. u.a.: Zerebrale und spinale Computertomographie, 2. Aufl. Schering, Berlin 1988
Laubenberger, T.: Technik der medizinischen Radiologie, 7. Aufl. Deutscher Ärzte-Verlag, Köln 1999
Pschyrembel, W.: Klinisches Wörterbuch, 259. Aufl. de Gruyter, Berlin 2002
Silbernagl, S., A. Despopoulos: Taschenatlas der Physiologie, 6. Aufl. Thieme, Stuttgart 2003
Thomas, L.: Labor und Diagnose, 5. Aufl. TH-Books Verlagsgesellschaft mbH, Frankfurt/Main 1998
Weiß, C.: Basiswissen medizinische Statistik, 2. Aufl. Springer-Verlag, Heidelberg 2002

Udo Lunkenbein
Dipl.-Ing. für Informationstechnik
Holbeinstraße 147
01309 Dresden

Bibliografische Information der Deutschen Bibliothek
Die Deutsche Bibliothek verzeichnet diese Publikation in der Deutschen Nationalbibliografie; detaillierte bibliografische Daten sind im Internet über http://dnb.ddb.de abrufbar.

© 2005 Georg Thieme Verlag
Rüdigerstraße 14
D-70469 Stuttgart
Unsere Homepage: http://www.thieme.de

Printed in Germany
Umschlaggestaltung: Thieme Verlagsgruppe
Umschlagfotos: Thomas Stefan, Munderkingen
Satz: primustype Hurler GmbH
Druck: Appl Druck GmbH & Co KG

ISBN 3-13-141661-0   1 2 3 4 5 6

Wichtiger Hinweis: Wie jede Wissenschaft ist die Medizin ständigen Entwicklungen unterworfen. Forschung und klinische Erfahrung erweitern unsere Erkenntnisse, insbesondere was Behandlung und medikamentöse Therapie anbelangt. Soweit in diesem Werk eine Dosierung oder eine Applikation erwähnt wird, darf der Leser zwar darauf vertrauen, dass Autoren, Herausgeber und Verlag große Sorgfalt darauf verwandt haben, dass diese Angabe dem **Wissensstand bei Fertigstellung des Werkes** entspricht.

Für Angaben über Dosierungsanweisungen und Applikationsformen kann vom Verlag jedoch keine Gewähr übernommen werden. **Jeder Benutzer ist angehalten**, durch sorgfältige Prüfung der Beipackzettel der verwendeten Präparate und gegebenenfalls nach Konsultation eines Spezialisten festzustellen, ob die dort gegebene Empfehlung für Dosierungen oder die Beachtung von Kontraindikationen gegenüber der Angabe in diesem Buch abweicht. Eine solche Prüfung ist besonders wichtig bei selten verwendeten Präparaten oder solchen, die neu auf den Markt gebracht worden sind. **Jede Dosierung oder Applikation erfolgt auf eigene Gefahr des Benutzers.** Autoren und Verlag appellieren an jeden Benutzer, ihm etwa auffallende Ungenauigkeiten dem Verlag mitzuteilen.

Vorwort

Dieses Arbeitsheft richtet sich an Medizinisch-technische Labor- und Radiologieassistenten. Es ist in erster Linie für Auszubildende dieser beiden Richtungen gedacht, kann aber von Fachkräften, welche bereits seit längerer Zeit in ihrem Beruf tätig sind, ebenfalls genutzt werden.

Mathematik ist ein Bestandteil der MTL-/MTR-Ausbildung. Ziel des Arbeitsheftes ist, mit einigen ausgewählten mathematischen Themen eine Brücke zwischen diesem Fach und dem eigentlichen Berufsfeld der Auszubildenden zu schlagen.

Es ist in einen allgemeinen, einen fachlichen und einen Lösungsteil gegliedert. Man mag darüber streiten, ob der allgemeine Teil Bestandteil eines Arbeitsheftes sein sollte. Mir schien es aber nicht unangebracht, in diesem einige Hinweise zum Lernen und zum Lösen mathematisch orientierter Aufgaben niederzuschreiben.

Der fachliche Teil enthält Kapitel zur Elementarmathematik, zu Proportionalität und Dreisatz, zur Prozentrechnung, zu Potenzen, Wurzeln, Logarithmen sowie exponentiellem Wachstum und exponentieller Abnahme. Über weitere Themen, wie z. B. dem Berechnen von Mischungen, sollte dann entschieden werden, wenn auf den jetzigen Stand des Arbeitsheftes erste Resonanzen vorliegen.

Im Lösungsteil ist für fast alle Aufgaben nicht nur deren Ergebnis, sondern auch ein Lösungsweg enthalten. Damit soll dem Nutzer das Nachvollziehen einzelner Rechenschritte ermöglicht werden. Dass der angegebene Lösungsweg nicht der einzige und vielleicht auch nicht der effektivste sein muss, zeigen die Aufgaben, bei denen eine entsprechende Alternative angegeben ist.

Mit dieser im medizinisch-technischen Bereich angesiedelten Schrift habe ich ein für mich anderes als mein erlerntes Fachgebiet betreten. Ich möchte mich aus diesem Grunde ganz herzlich bei Herrn Dipl.-Chem. Günther Quasdorf und Herrn Dr. rer. nat. Dietmar Lehmann bedanken, die Teile des Manuskripts von der Labor- bzw. physikalischen Seite her durchgesehen und mich mit wertvollen Hinweisen sowie berufsbezogenen Anregungen unterstützt haben. Meinen besonderen Dank möchte ich Herrn Dipl.-Math. Helmut Grabowski aussprechen, der sowohl den fachlichen als auch den Lösungsteil hinsichtlich mathematischer Belange kritisch analysiert und mir zudem viele didaktische Hinweise gegeben hat.

Ich möchte nicht versäumen, mich ebenfalls herzlich bei meiner Frau Jördis, die mir die zeitlichen Freiräume ermöglichte und Tipps in radiologischen Belangen gab sowie bei Frau Christine Grützner und Frau Kerstin Jürgens vom Thieme-Verlag zu bedanken. Frau Grützner hat mein Vorhaben im Verlag unterstützt und damit maßgeblich zu dessen Realisierung beigetragen. Frau Jürgens hat als Fachredakteurin alle Schritte, die zur Gestaltung und Herstellung des Arbeitsheftes führten, koordiniert und begleitet.

Mein Wunsch ist, dass das Arbeitsheft dem im Selbststudium Lernenden bisher unklare Zusammenhänge erschließen kann. Ich würde mich freuen, wenn es vielleicht auch von Medizinischen Berufsfachschulen als ergänzendes Lehrmaterial angenommen würde.

Dresden, August 2005

Udo Lunkenbein

Inhaltsübersicht

1 Allgemeiner Teil

1.1 Zur Zielgruppe des Arbeitsheftes

Als die ersten Gedanken und Aufgaben zum vorliegenden Arbeitsheft zu Papier gebracht wurden, zielten diese primär auf in Ausbildung befindliche Medizinisch-technische Labor- und Radiologieassistentinnen bzw. -assistenten (MTL, MTR) ab. Mit zunehmendem Wachsen des Arbeitsheftes zeigte sich aber, dass eine solche Schrift vielleicht auch bereits gestandenen MTL und MTR in der täglichen Arbeit oder beim Rekapitulieren von einst erworbenem mathematischen Wissen nützlich sein kann.

Die im „Allgemeinen Teil" niedergeschriebenen Gedanken und Hinweise richten sich, wie ursprünglich vorgesehen, primär an die in Ausbildung stehenden MTL und MTR. Für im Beruf tätige Fachkräfte, die bereits eigene Erfahrungswerte gesammelt und eine feste Lernbiografie entwickelt haben, wird nur Abschnitt 1.2 dieses Kapitels von Interesse sein.

1.2 Zum Zweck des Arbeitsheftes

Das vor Ihnen liegende Material soll in erster Linie eines: Sie als zukünftige MTL/MTR nicht nur mit allgemeinen, sondern auch fachbezogenen oder fachlich verwandten Aufgaben auf mögliche mathematische Aspekte Ihres zukünftigen Berufes vorbereiten. Andernfalls gehen, um ein Beispiel zu nennen, zukünftige Laborassistenten während einer Übungsstunde sicher nicht zu Unrecht gegen zu ermittelnde Arbeitsstunden von Pflasterern und Benzinpreisberechnungen in Opposition. Aber: Auch mit derart gelagerten Aufgaben üben Sie Ihre mathematischen Fertigkeiten.

Das Arbeitsheft ist als *beruflich orientierte Wiederholung* bereits bekannten Stoffes zu verstehen. Denn eines soll dieses Lehrmaterial nicht: Die in Ihrer beruflichen Ausbildung vorgesehenen Teilgebiete der Mathematik von Grund auf oder neu zu erklären. Dies war bereits Inhalt des Mathematikunterrichts Ihrer Schulzeit. – Diejenigen, die meinten, die Mathematik endlich überwunden zu haben, irren. Denn zum einen schreibt die *Ausbildungs- und Prüfungsverordnung für technische Assistenten in der Medizin*, kurz MTA-APrV, Mathematik und Statistik in Ihrer Ausbildung vor. Zum anderen werden Sie in Ihrer speziellen Fachliteratur sowie in Ihrem zukünftigen beruflichen Umfeld mit diesem oder jenem mathematischen Bezug unweigerlich in Berührung kommen. Dies gilt trotz der Tatsache, dass ein immer größerer Teil der Arbeiten, die eine MTA vor einigen Jahren noch manuell erledigte, heute infolge des technischen Fortschritts maschinell ausgeführt wird. Aber: Sie kommen mit hoher Wahrscheinlichkeit irgendwann an den Punkt, an dem Sie ein maschinell geliefertes Ergebnis vergleichen, bewerteten oder interpretieren müssen. Und dann ist es gut, auf eine solide theoretische Basis zurückgreifen zu können.

Dieses Arbeitsheft *ist kein Lehrbuch*. Sein fachlicher Inhalt geht im Wesentlichen nicht über den Stoff von Klassenstufe 10 hinaus. Einzige Ausnahme sind die Abschnitte zu Logarithmen und Exponentialfunktionen. Da einige von Ihnen während ihrer Schulzeit noch nicht mit diesen beiden Themen in Berührung kamen, wird ihre theoretische Grundlage etwas ausführlicher erläutert.

Im Folgenden sind einige der Ausbildungsfächer benannt, in denen Ihnen das Werkzeug Mathematik bei der Lösung fachspezifischer Probleme dienen kann (vgl. MTA-APrV, 1994):

- Fachrichtung MTR: Statistik, EDV, Physik, Radiologische Diagnostik, Strahlentherapie, Nuklearmedizin, Strahlenphysik, Dosimetrie und Strahlenschutz,
- Fachrichtung MTL: Statistik, EDV, Chemie/Biochemie, Klinische Chemie, Hämatologie, Mikrobiologie.

Fazit: Der mathematische Teil Ihrer beruflichen Ausbildung soll mit der vorliegenden Schrift nicht künstlich aufgewertet werden. Aber: Sie sollen erkennen, dass die Mathematik für Sie in einem neuen, fachlich orientierten Gewand durchaus Bedeutung hat.

Soweit zum Ziel dieses Arbeitsheftes. Sie könnten sich nun gleich dessen fachlichem Teil zuwenden. Allerdings soll die vorliegende Schrift nicht nur als reine Aufgabensammlung dienen, sondern auch einige Erkenntnisse zum Lernen an sich vermitteln sowie einige methodische Hinweise anbieten. Wenn Sie hierzu mehr wissen wollen, dann lesen Sie bitte ab dem folgenden Abschnitt weiter.

1.3 Ein wichtiger Aspekt des Lernens: das Lebensalter

Ziel ist, Ihnen diesen Aspekt des Lernens ein kleines Stück näher zu bringen. Umfassendere Ausführungen zu diesem Thema finden Sie in entsprechender Fachliteratur (z.B. Bourne u. Ekstrand, 1997).

Sie werden aus diesem Abschnitt keinen *unmittelbaren* Nutzen ziehen. Außerdem wird davon ausgegangen, dass Sie Ihre eigene Lernbiografie bereits entwickelt und nach Real- oder gymnasialer Schulbildung die für Sie geeigneten Lerntechniken herausgefunden haben. Aber: Sollten Sie im Folgenden dazu angeregt werden, über Sachverhalt xyz tiefer als bisher nachzudenken, dann hat dieser Abschnitt sein Ziel nicht verfehlt.

Hinsichtlich des Lernens sind Jugendliche in einer beneidenswerten Situation. Dies soll an zwei Modellen, welche von Entwicklungspsychologen erstellt wurden, im Folgenden gezeigt werden.

Fluide und kristalline Intelligenz

Zu Beginn der siebziger Jahre stellten R.B. Cattell und J.L. Horn eine Theorie auf, wonach sich Intelligenz aus mehreren Fähigkeitsbündeln zusammensetzt (vgl. Baltes, 1990). Deren wichtigste sind die fluide und kristalline Intelligenz. Diese beiden Bündel haben, zumindest lt. Theorie, unterschiedliche Entwicklungsrichtungen und -verläufe.

Fluide Intelligenz. Die fluide, also flexible und „in Fluss" befindliche Intelligenz steigt bis zum frühen Erwachsenenalter an. *Das ist genau die Phase, in der Sie sich derzeit befinden.* Es folgt ein Zeitraum der Stabilität. Ab dem mittleren Lebensalter sinkt das Maß an fluider Intelligenz permanent ab. Unter die fluide Intelligenz kann man z.B. die Aufnahme- und Merkfähigkeit sowie das Konzentrationsvermögen einordnen. Und in dieser Hinsicht sind Sie jetzt Ihrem späteren Erwachsenendasein überlegen.

Kristalline Intelligenz. Die kristalline Intelligenz markiert das Bündel jener Fähigkeiten, welche über das *gesamte* Leben aufgebaut werden. Ihr Anteil nimmt bis zum frühen Erwachsenenalter ebenfalls rasch zu und bleibt dann leicht ansteigend auf hohem Niveau. Kristalline Intelligenz meint all das Wissen, welches Sie durch schulische und berufliche Bildung sowie Ihre späteren beruflichen Erfahrungen aufbauen und beibehalten. Aber auch hier gilt: Die Höhe des Niveaus, von welchem aus Sie in Ihr weiteres Leben starten, wird in jungen Jahren, also jetzt, gelegt.

„Breitbandigkeit"

P.B. Baltes beschreibt in seinen theoretischen Leitsätzen zur Life-span-Psychologie (Entwicklungspsychologie der Lebensspanne; Baltes, 1990) die intellektuelle Entwicklung eines Menschen als dynamisches Wechselspiel zwischen Wachstum und Abbau. Demnach bedeutet Weiterentwicklung neben dem Zugewinn auch den gleichzeitigen Verlust an adaptiver Kapazität. Das Verhältnis von Gewinn und Verlust wird in der frühen Phase des Lebenslaufes durch den Gewinn bestimmt. Aber: Dieses Verhältnis verschiebt sich mit zunehmendem Lebensalter in Richtung Verlust. Als Grund hierfür nimmt man an, dass durch vorangegangene Entwicklungsprozesse Optionen, aus welchem Grunde auch immer, „verstellt" und im Zuge des Alterns Kapazitätsschwellen irreversibel überschritten werden. Der Mensch wird zur „geistigen Selektion" gezwungen und verliert im Laufe der Zeit zunehmend die seine Jugend prägende „Breitbandigkeit".

Resultierend aus den Modellen von Cattell/Horn und Baltes seien zwei Fragen aufgeworfen:
- Ob es sich nicht doch lohnt, die dem Jugend- und jungen Erwachsenenalter eigenen Ressourcen besser zu nutzen?
- Ob es sich nicht doch lohnt, die im Jugend- und jungen Erwachsenenalter vorhandene Breitbandigkeit besser auszuschöpfen?

Der Leser muss selbst entscheiden, ob er sich auf o.g. Fragen einlässt und wie er sie für sich beantwortet.

1.4 Ein Wort zu den Übungsaufgaben

1.4.1 Arbeitsmittel

Taschenrechner. Die meisten von Ihnen, wenn nicht gar jeder, ist im Besitz eines Taschenrechners. Ein solches Gerät ist ohne Zweifel eine sehr nützliche Erfindung – aber *nur insoweit seine Verwendung nicht elementare Kenntnisse und Fertigkeiten verkümmern lässt.* Überlegen Sie selbst: Wie sicher sind Sie eigentlich im Kopfrechnen? Wie sicher sind Sie, wenn es darum geht, ohne Taschenrechner einen Überschlag zu machen, um sich von der Plausibilität eines Ergebnisses ein Bild zu verschaffen?!

Im Rahmen dieses Arbeitsheftes steht Ihnen die Benutzung des Taschenrechners natürlich frei. Aber: Für Aufgaben, die mit dem Zeichen ❈ gekennzeichnet sind, sollten Sie diesen beiseite legen. Üben Sie statt dessen Ihre Fertigkeiten im Kopf- und schriftlichen Rechnen. Sie machen mit Sicherheit im späteren Beruf eine gute Figur, wenn Sie ein Ergebnis bereits parat haben, während Ihr Kollege oder Ihre Kollegin noch nach dem Taschenrechner suchen muss oder enttäuscht feststellt, dass dessen Batterie erschöpft ist.

Tafelwerk. Unentbehrlich ist ein gutes Tafelwerk. Es enthält neben einer Vielzahl von Fakten auch die Formeln und Gesetze, die in Ihrem Mathematikunterricht Anwendung finden. Den Umgang mit dem Tafelwerk haben Sie in Ihrer bisherigen Schulzeit sicher sehr oft geübt.

Unterlagen. Auch Mathematikunterlagen aus der Schulzeit können, soweit noch vorhanden, eine wertvolle Nachschlagehilfe sein. Nutzen Sie diese!

1.4.2 Einige methodische Anmerkungen

Immer wieder argumentieren Schüler und Auszubildende, sie hätten zur Lösung der ihnen gestellten Aufgaben zu wenig Zeit. Aber: Liegt das wirklich immer an Menge und Schwierigkeitsgrad der Aufgabenstellungen? Liegt das nicht vielleicht auch zum Teil daran, dass sie ihr Herangehen an ein Problem nicht ausreichend planen? Nun, jeder von Ihnen muss das für sich selbst entscheiden. Im Folgenden einige Hinweise, die dem einen oder anderen von Ihnen vielleicht nützlich sind.

Ausführlicher Lösungsweg

Sie machen keinen Fehler, wenn Sie Ihren Lösungsweg ausführlich und in sich geschlossen zu Papier bringen. Zum einen können Sie Ihre Gedanken jederzeit gut zurückverfolgen. Das Auffinden von Fehlerquellen wird erleichtert und der Lösungsweg transparenter. Zum anderen bedenken Sie bitte, dass in Kontrollen und Prüfungen da und dort vielleicht nicht nur Ihr Resultat bewertet wird, sondern auch das *Wie* Ihrer Lösung.

Mit dem Motto „Nur das Ergebnis zählt" werden Sie, hoffentlich nicht in Ihrem Beruf, noch zeitig genug konfrontiert werden. Vielleicht sogar müssen Sie diese Denkweise irgendwann einmal selbst durchsetzen. Problematisch kann es aber werden, wenn Sie jemand nach besagtem *Wie*, also Ihrer konkreten Handlungsweise, fragen sollte.

Überlegen Sie im Falle von Sachaufgaben, welche Größen gegeben und welche gesucht sind. Schreiben Sie diese in themenbezogener Symbolik auf. Soll heißen: Warum in der Prozentrechnung für einen Grundwert „x" schreiben, wenn es hierfür mit „G" ein allgemein gültiges Symbol gibt? Machen Sie wenn notwendig einen Ansatz, auf dem Sie Schritt für Schritt Ihre Lösung aufbauen und zum Ergebnis führen können.

Gegenteilige Sachverhalte

Es scheint manchem Lernenden schwer zu fallen, das Gegenstück mathematischer Rechenoperationen auszuführen oder gegenteilige Sachverhalte zu erkennen. Es folgen zwei Beispiele.

1. Proportionalität: Es bereitet kaum Schwierigkeiten direkte Proportionalitäten zu erkennen. Das Erkennen indirekt proportionaler Zusammenhänge kann jedoch große Mühe bereiten.

2. Umkehroperationen: Das Addieren ist wohl für niemanden ein Problem. Sollen aber Terme, insbesondere solche mit Brüchen und bei Klammersetzung, subtrahiert werden, steigt die Fehlerquote an. Ähnlich ist es beim Dividieren als Umkehroperation des Multiplizierens: Die Technik des schriftliches Dividierens kann für manchen plötzlich zum Stolperstein werden.

Empfehlung: Üben Sie ganz bewusst die Umkehroperationen oder das Erkennen „indirekter" Zusammenhänge. Dort, wo es sich anbietet, sollten Sie als Kontrollmittel die „Probe" nutzen.

Antwortsatz

Vergessen Sie nicht, bei Sachaufgaben die eingangs gestellte Frage zu beantworten, also einen Antwortsatz zu formulieren. Sie bringen diesen Satz nicht für den Lehrer zu Papier, sondern für sich selbst. Indem Sie auch verbal auf das gestellte Problem eine Antwort geben und diese nicht nur mechanisch hinschreiben, sind Sie gezwungen, sich noch einmal gedanklich mit der Plausibilität Ihres Ergebnisses auseinander zu setzen.

Und nun – viel Erfolg beim Lösen der Aufgaben!

2 Fachlicher Teil

Ziel des folgenden Beispieles ist, am Prinzip einer konventionellen Röntgenapparatur mögliche mathematische Bezüge einer medizinisch-technischen Einrichtung zu zeigen. Folgende Elemente sind beteiligt:

- Konvertergenerator zur Erzeugung der Anoden (1) - und Heizspannung (2),
- Röntgenröhre mit der Katode, welche Elektronen (3) emittiert und der Anode (4), auf der diese Teilchen auftreffen und dadurch abgebremst werden,
- Nutzstrahlenbündel der entstandenen Röntgenstrahlung (5) mit seinen geometrischen Eigenschaften, die über Projektionsgesetze beschrieben werden können (6),
- Patient (7), in welchem eine ortsabhängige Schwächung der Röntgenstrahlen erfolgt,
- Streustrahlenraster (8), Dosismesskammer (9), Verstärkerfolie (10) und Röntgenfilm (11).

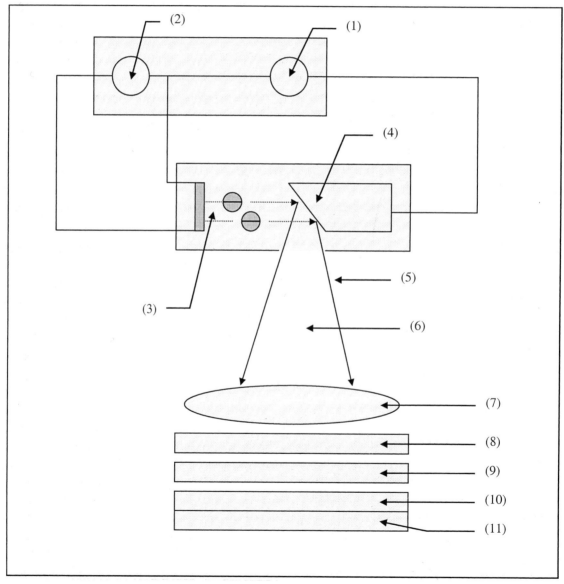

(1)   Anodenspannung: Angabe in Kilovolt. – Was sich hinter der Vorsatzsilbe „Kilo" verbirgt und welcher Zehnerpotenz dies entspricht, ist sicher bekannt. Aber ist auch die Angabe „MV" allgemein geläufig? Oder das Umrechnen von „kV" in „MV"? – Der mathematischen Bezug liegt bei diesen Fragestellungen also in Richtung Potenzrechnung. Aber auch diese Aufgabenstellung ist möglich: Ein Konvertergenerator A erzeugt eine Anodenspannung von 125kV.

Die Anodenspannung eines Konvertergenerators B liegt um 20 Prozent über der des Gerätes A. Frage: Wie hoch ist die Anodenspannung des Gerätes B?

(3) Die von der Katode emittierten Elektronen werden in Richtung Anode beschleunigt und treffen dort mit einer bestimmten Energie auf. – Auch hier bieten sich Übungen zur Potenzrechnung an.

(4) Einer der technischen Parameter einer Röntgenröhre ist die Größe des Brennflecks. Er wird in mm^2 angegeben. Für die Mathematik bietet sich hier die Umrechnung von Maßeinheiten an. Auch Fragestellungen zur Übung der Prozentrechnung, z.B. in der Relation von kleinem und großem Brennfleck bei Doppelfokusröhren, sind denkbar.

(5) Die Röntgenstrahlung wird duch Frequenz und Wellenlänge charakterisiert. – Mathematischer Bezug könnte sein: Erkennen der zwischen diesen beiden Größen bestehenden indirekten Proportionalität.

Außerdem: Vorsatzsilben und Zehnerpotenzen.

(7) Die Röntgenstrahlung wird im Körper des Patienten geschwächt. Mathematisch wird dieser Prozess durch eine Exponentialfunktion beschrieben.

Die o. g. Bezüge erheben keinen Anspruch auf Vollständigkeit. Sie enthalten aber Sachverhalte, die in der täglichen Praxis durchaus eine, wenn auch nicht ständige oder explizit erkennbare Rolle spielen.

Aber nun zum Aufgabenteil: Er enthält Themen aus Labor und radiologischer Diagnostik. Er unterscheidet nicht zwischen MTL und MTR, sondern wendet sich beiden Spezialisierungen gleichermaßen zu.

2.1 Elementarmathematik

2.1.1 Einige einleitende Bemerkungen

Im Rahmen dieses Lehrmaterials sollen hinsichtlich „Elementarer Mathematik" folgende Themen Beachtung finden:
- Ausklammern,
- Ausmultiplizieren,
- Lösen von Gleichungen ersten und einer Gleichung zweiten Grades,
- Lösen von Wurzelgleichungen.

Ein Grund hierfür ist: Diese Themen sind Bestandteil des elementaren Rechnens. Mit hoher Wahrscheinlichkeit werden zukünftige MTL und MTR in einer schriftlichen Kontrolle eine Probe ihres Könnens abgeben müssen und diese wird natürlich bewertet werden. Ein zweiter Grund: In den folgenden Kapiteln werden permanent elementare mathematische Mittel angewendet. Und ein dritter Grund: In der für Labor und Radiologie vorhandenen Fachliteratur sind eine Reihe praktischer Anwendungen zu finden, bei denen o. g. Techniken durchaus gefragt sind. Einige der folgenden Aufgabenstellungen sind solcher Natur.

In dieser Aufgabensammlung erfolgt keine Wiederholung theoretischer Grundlagen sowie Rechenregeln der Elementarmathematik. Denn diese waren ein wesentlicher Teil der bisherigen schulischen Ausbildung und sollten zu dem mathematischen Handwerkszeug gehören, welches sicher beherrscht wird (Beispiele: Vorzeichenregel, Kürzen, Erweitern, Gleichnamigmachen von Brüchen).

Sollte dieses oder jenes in Vergessenheit geraten sein, so sei an dieser Stelle als Nachschlagemöglichkeit das Tafelwerk empfohlen. Tritt jedoch tatsächlich ein, auch vielleicht während der Schulzeit, nicht gelöstes *Verständnis*problem auf, so sollte es nicht einfach beiseite geschoben werden. Es sollte formuliert werden, wo konkret die den Lösungsfortschritt blockierende Schwierigkeit liegt. Dieses Unterfangen, also das „in Worte fassen" eines Problems, ist nicht immer einfach, hilft aber vielleicht auch im beruflichen Alltag diesen oder jenen Sachverhalt dem Kollegen besser verständlich zu machen. Der Kollege könnte im Fall des vorliegenden Arbeitsheftes z. B. der Mathematiklehrer sein.

2.1.2 Aufgaben zur Elementarmathematik

1. Beim Einsatz radioaktiver Substanzen werden folgende Halbwertszeiten unterschieden:
- physikalische Halbwertszeit,
- biologische Halbwertszeit,
- effektive Halbwertszeit.

Sie sind durch folgende Formel miteinander verknüpft:

$$T_{1/2eff} = \frac{T_{1/2biol} \cdot T_{1/2phys}}{T_{1/2biol} + T_{1/2phys}}$$

a) Stellen Sie diese Gleichung nach der biologischen Halbwertszeit um.
b) Der durch obige Gleichung ausgedrückte Sachverhalt kann in der Literatur auch in folgender Form angegeben sein:

$$\frac{1}{T_{1/2eff}} = \frac{1}{T_{1/2phys}} + \frac{1}{T_{1/2biol}}$$

Um welche Form einer Gleichung handelt es sich hier? Wandeln Sie den zweiten mathematischen Ausdruck in den ersten um.

2. Die Schwächungswerte unterschiedlicher Körpergewebe in ihrer relativen Abweichung zum Schwächungswert von Wasser werden als CT-Zahl (Hounsfield unit = HU, Hounsfield-Einheit = HE) angegeben. Die CT-Zahl ist wie folgt definiert:

$$\text{CT-Zahl} = \frac{\mu_x - \mu_w}{\mu_w} \cdot 1000$$

μ_x = linearer Schwächungskoeffizient (auch Absorptionskoeffizient) des Stoffes x bei einer bestimmten Strahlungsqualität
μ_w = linearer Schwächungskoeffizient von Wasser bei derselben Strahlungsqualität

a) Für Luft wird ein Schwächungskoeffizient $\mu_x = 0$ festgelegt. Berechnen Sie die CT-Zahl von Luft.
b) Für eine Fortbildung von MTRA waren Folien vorbereitet worden, die u.a. verschiedene CT-Zahlen enthielten. Auf einer dieser Folien war für die CT-Zahl von Wasser ein Wert von 100 HU genannt worden. Einige Teilnehmer der Fortbildung meinten, dieser Wert sei falsch.
Was ist Ihrer Meinung nach die für Wasser zutreffende CT-Zahl? Begründen Sie Ihr Ergebnis auf mathematischem Weg.
c) Nach Lange (1988) weist bei Schädeluntersuchungen eine CT-Zahl von etwa 60 (die Röhrenspannung betrage 120 kV) auf ein Hämatom hin. Berechnen Sie dessen Schwächungskoeffizienten. Runden Sie Ihr Ergebnis auf Hundertstel. Der lineare Schwächungskoeffizient von Wasser betrage $0{,}19\ cm^{-1}$.

3. Eine in der Optik wichtige Größe ist das Auflösungsvermögen. Für das Auflösungsvermögen r eines Lichtmikroskops gilt:

$$r = \frac{\lambda}{A_{obj} + A_{kon}}$$

λ = Lichtwellenlänge
A_{obj} = Apertur des Objektivs
A_{kon} = Apertur des Kondensors

Ein in einem Labor verwendetes Lichtmikroskop erreicht bei einer Wellenlänge λ = 550 nm eine Auflösung von 0,25 µm. Die Apertur des Kondensors betrage 2/3 der Apertur des Objektivs.
a) Drücken Sie in obiger Gleichung A_{kon} durch A_{obj} aus und vereinfachen Sie soweit wie möglich.
b) Stellen Sie die entstandene Gleichung nach A_{obj} um.
c) Berechnen Sie A_{obj} und A_{kon}.

4. Die tägliche Flüssigkeitsbilanz eines Erwachsenen setzt sich aus Trinken, Oxydationswasser und der durch Nahrung aufgenommenen Flüssigkeit zusammen. Für einen Erwachsenen mit einer Körpermasse von 70 kg werden angenommen: Zwei Fünftel der täglichen Flüssigkeitsbilanz entfallen auf die Nahrung, ein Achtel auf Oxydationswasser. Die durch Trinken aufgenommene Flüssigkeitsmenge übersteigt diejenige, die durch Nahrung aufgenommen wird, um 150ml. Berechnen Sie die einzelnen Teilmengen sowie die Gesamtzufuhr (alle Werte in ml).

5. Nach einem Jahr erfolgreicher Tätigkeit beträgt der Gewinn eines von vier Laborärzten A, B, C und D gegründeten Labors 116.000 Euro. Davon soll Arzt B doppelt soviel wie Arzt C erhalten. Arzt A soll das 1,3fache und Arzt D das 1,5fache von dem Betrag bekommen, den Arzt C erhält. – Berechnen Sie, wie viel Euro jedem der vier Gesellschafter zustehen.

6. In o.g. Labor sind um 07.30 Uhr Blutproben aus einer Klinik eingetroffen. Diese sollen von vier im Labor beschäftigten MTL analysiert werden. Die Klinik möchte von MTL A wissen, ob für alle diese Proben bis 16.45 Uhr die Blutwerte bestimmt werden können.
Angenommen, MTL A sei besonders geschickt und würde bei alleiniger Arbeit für die Bestimmung der Werte 20 Stunden brauchen. MTL B brauche bei alleiniger Arbeit 24 Stunden und MTL C 30 Stunden. MTL D stehe an diesem Tag als mögliche Verstärkung nicht zur Verfügung. MTL A überlegt auf Basis dieser Zahlen, ob ab 08.00 Uhr der Auftrag in **gemeinsamer** Arbeit aller anwesenden MTL realisierbar ist. Wie würden Sie entscheiden? Beweisen Sie Ihre Antwort auf mathematischem Weg.

7. Durch ein Hochwasser wurden einige Kellerräume eines Krankenhauses überflutet. Sie werden vom Technischen Hilfswerk mittels dreier gleichmäßig und gleichzeitig arbeitender Pumpen leergepumpt. – Wie viele Minuten werden dazu benötigt, wenn dies die erste Pumpe allein in sechs Stunden, die zweite allein in drei Stunden und die dritte allein in zwei Stunden erledigen würde?

8. Die Blutgruppen A, 0, B und AB sind prozentual verschieden verteilt. Für Deutschland hat man ermittelt, dass Blutgruppe A 4,5mal so häufig auftritt wie Blutgruppe B, Blutgruppe B doppelt so häufig wie Blutgruppe AB und dass Blutgruppe AB ein Achtel der Häufigkeit der Blutgruppe 0 ausmacht. Berechnen Sie die Häufigkeit der einzelnen Blutgruppen. Geben Sie Ihre Resultate in Prozent an.

9. Die lichtempfindliche Emulsionsschicht von Röntgenfilmen enthält Silberbromidkristalle Ag^+Br^-. Während der Belichtung eines Röntgenfilms setzt das ursprünglich negativ geladene Bromidion Br^- ein Elektron frei. Es verbleibt ein elektrisch neutrales Bromatom. Ein Bromatom weist in seinen Elektronenschalen (vgl. Atommodelle) folgende Verteilung auf: die K-Schale enthält ein Neuntel der auf der M-Schale befindlichen Elektronen, die L-Schale das Vierfache der K-Schale, die N-Schale ein Elektron weniger als die L-Schale. Berechnen Sie die Anzahl der Elektronen in K-, L-, M- und N-Schale.

10. Die leitende MTA einer radiologischen Praxis hat von ihrem Chef die Aufgabe erhalten, sich während der momentanen Renovierung einiger Räume um kleinere Belange der Handwerker zu kümmern.
    In einem der Räume müssen noch Decke und Wände gestrichen werden. Die längere Seite ist 1,2 mal so lang wie die kürzere Seite des als rechteckig angenommenen Zimmers. Seine Höhe misst die Hälfte der langen Seite. Die Grundfläche des Zimmers beträgt 30m², seine Fenster und Türen machen gemeinsam etwa 10m² Wandfläche aus.
    Der Maler teilt der leitenden MTA mit, dass er noch für ca. 100m² Fläche Farbe übrig hat. Da die verbliebene Menge für das letzte Zimmer jedoch nicht reichen würden, müsste er der Praxis noch einen weiteren Eimer Farbe in Rechnung stellen. Prüfen Sie, ob der Maler diesen Eimer Farbe tatsächlich noch braucht und der Praxis zu Recht berechnet. Beweisen Sie Ihre Antwort auf mathematischem Wege.

2.2 Proportionalität und Dreisatz

Man unterscheidet zwischen einfachem und zusammengesetztem Dreisatz. Bedingung für die Anwendbarkeit der Dreisatzrechnung ist, dass die beteiligten Größen zueinander proportional sind.

2.2.1 Einige Bemerkungen zum Proportionalitätsbegriff

Direkte und indirekte Proportionalität

Es werden direkte und indirekte Proportionalität unterschieden. Es gilt:

> Zwei Größen y und x sind zueinander **direkt** proportional, wenn deren **Quotient** konstant ist.
> Zwei Größen y und x sind zueinander **indirekt** proportional, wenn deren **Produkt** konstant ist.

Mit dem Begriff Proportionalität scheinen „im Alltag" meist nur solche Größen verbunden zu werden, die zueinander direkt proportional sind und einem linearen Verlauf unterliegen. Als Beispiele seien das Weg-Zeit-Gesetz der gleichförmigen Bewegung und die Abhängigkeit des Stromes von einer veränderlichen Spannung bei Annahme eines konstanten Widerstandes genannt. Im ersten Fall entspricht den allgemeinen Variablen y und x der Weg s bzw. die Zeit t, der konstante Quotient ist die Geschwindigkeit v. Im zweiten Fall werden y und x durch die Spannung U bzw. den Strom I ersetzt, der konstante Quotient ist der elektrische Widerstand R.

Verallgemeinerte Proportionalität

Es gibt jedoch weitere proportionale Sachverhalte, die über das oben genannte Verständnis hinausgehen. Gemeint sind diejenigen Zusammenhänge, in denen Proportionalität zwischen den Größen y und x über eine mathematische Operation auf eine dieser Größen oder auf beide hergestellt wird. In diesem Falle wollen wir von verallgemeinerter Proportionalität sprechen.

Beispiel 1: Fläche eines Kreises. Über die Formel $A = \pi \cdot r^2$ sind zwei Größen verknüpft – der Radius eines Kreises und dessen Fläche. Hierbei entspricht der allgemeinen Variablen y die Kreisfläche A. Der allgemeinen Variablen x entspricht aber nun nicht der Radius r schlechthin, sondern dessen Quadrat. Die oben genannte „mathematische Operation" ist das Quadrieren. Proportionalitätsfaktor ist die Zahl π.

7

Beispiel 2: pH-Wert. Über die Formel

$$pH = -\lg\left(\frac{H^+}{mol/l}\right)$$

sind zwei Größen verknüpft – die Wasserstoffionenkonzentration und der pH-Wert. Hierbei entspricht der allgemeinen Variablen y das Kürzel „pH". Der allgemeinen Variablen x entspricht aber nun nicht die Wasserstoffionenkonzentration H^+ schlechthin, sondern deren Zehnerlogarithmus. Die oben genannte „mathematische Operation" ist das Logarithmieren. Proportionalitätsfaktor ist die Zahl (−1), welche man als Faktor nicht explizit schreibt. Dem Logarithmieren selbst ist in diesem Arbeitsheft ein eigenes Kapitel gewidmet (S. 31).

2.2.2 Einige Bemerkungen zur Dreisatzrechnung

Es werden einfacher und zusammengesetzter Dreisatz unterschieden. Es gilt:

Einfacher Dreisatz: Es spielen immer zwei Größen mit drei gegebenen und einem gesuchten Wert eine Rolle.
Zusammengesetzter Dreisatz: Es sind mindestens drei Größen, in diesem Fall mit fünf gegebenen und einem gesuchten Wert beteiligt.

Es folgt je ein Beispiel.

Beispiel 1: einfacher Dreisatz. Ein Analyseautomat kann in sieben Stunden 4200 Prüfungen ausführen. Wie viele Prüfungen kann ein solcher Automat in acht Stunden erledigen? Beteiligte Größen: **Anzahl der Prüfungen** und **Betriebszeit**. Die Betriebszeit betreffend sind zwei Werte und für die Anzahl der Prüfungen ein Wert, also in Summe drei Werte gegeben. Gesucht ist der zweite Wert für die Anzahl der Prüfungen.

Beispiel 2: zusammengesetzter Dreisatz. Ein Analyseautomat, der im Februar an 20 Arbeitstagen zu je sieben Stunden (tägliche Betriebszeit) 4200 Prüfungen ausgeführt hat, soll im März an 22 Arbeitstagen zu je acht Stunden eingesetzt werden. Wie viele Prüfungen kann dieser Automat im März erledigen? Beteiligte Größen: **Anzahl der Prüfungen**, tägliche **Betriebszeit** und Anzahl der **Arbeitstage**. Hiervon sind fünf Werte gegeben, einer ist gesucht.

Aufgaben mit zwei beteiligten Größen kann man nach dem Dreisatzschema berechnen, das Ableiten einer Verhältnisgleichung direkt aus dem Sachverhalt wird jedoch als praktikabler erachtet. Sind drei oder mehr Größen beteiligt, ist die Lösung nach Dreisatz durchaus sinnvoll. Es folgt an obigem zweiten Beispiel ein Vorschlag für das Vorgehen beim Lösen derartiger Aufgaben.

1) Welche Größen sind in der Aufgabenstellung benannt?
   Man mache sich vor dem Rechnen erst einmal klar, worum es überhaupt geht.

2) Sind diese Größen zueinander proportional?
   Bedingung für die Anwendung der Dreisatzrechnung ist die Proportionalität der beteiligten Größen. Ob diese Größen tatsächlich zueinander proportional sind, erkennt man aus logischen Überlegungen, ggf. unter Verwendung von bekanntem Zahlenmaterial (z.B. Wertetabellen) oder Grafiken. Genau dies scheint für manchen Schüler oder Auszubildenden das zentrale Problem zu sein. Liegt keine Proportionalität vor, kann über den Dreisatz nicht auf den gesuchten Wert geschlossen werden. Wenn die beteiligten Größen proportional sind, dann weiter mit dem nächsten Schritt.

3) Kann diesen Größen ein allgemein vereinbartes Formelzeichen zugewiesen werden?
   Es war bei auszubildenden MTL und MTR festzustellen, dass Größen, für die in der Literatur eigentlich eine recht einheitliche Symbolik verwendet wird, in unterschiedlicher Art und Weise bezeichnet werden. Deshalb:
   Fall 1: Gibt es für die beteiligten Größen gebräuchliche Symbole, sind diese zu benutzen.
   Fall 2: Gibt es für die beteiligten Größen keine gebräuchlichen Symbole, sind selbst gewählte Symbole *schriftlich zu definieren.*

4) In welchen (Maß-)Einheiten werden die beteiligten Größen ausgedrückt?
   Hierüber sollte man sich im Klaren sein. Denn am Schluss jeder Aufgabe, sei es im beruflichen Unterricht oder in der praktischen Tätigkeit, dient die Maßeinheit immer auch als Plausibilitätskontrolle.

5) Dreisatzschema anwenden. Reihenfolge beachten:

   Schritt 1: In Zeile 1 die für *alle* Größen bekannten Ausgangswerte schreiben.
   Schritt 2: In Zeile 3 die bekannten Zielwerte und die Unbekannte schreiben.
   Schritt 3: Vom Wert in Zeile 1, Spalte 2, bzw. 3, auf den in Zeile 2 stehenden Wert „1" schließen. Dann von diesem Wert „1" auf den in Zeile 3, Spalte 2, bzw. 3, stehenden Wert schließen. Die hierfür notwendigen Operationen sowie die verwendeten Faktoren/Divisoren in der Spalte der jeweils betrachteten Größe vermerken.

6) Verhältnisgleichung aufstellen.

7) Unbekannte berechnen.

8) Plausibilitätskontrolle durchführen und Antwortsatz formulieren.

1. Worum geht es? 2. Liegt Proportionalität vor, wenn ja	2 x direkte Proportionalität		
3. 4. Beteiligte Größen, ggf. mit Formelzeichen, und deren Einheiten aufschreiben	Arbeitstage [d]	tägliche Betriebszeit [h]	Prüfungen [Stck]
5. Dreisatzschema anwenden: Zeile 1: Bekannte Ausgangswerte notieren	20 :20 ↓	7 : 7 ↓	4200 :20 ↓ ↓ : 7
Zeile 2: Von Zeile 1 ausgehend auf die Zwischenwerte (Zeile 2) und von diesen auf die Werte in Zeile 3 schließen	1 ·22 ↓	1 ·8 ↓	Bei **direkter** Proportionalität: In Spalte 3 keine Änderung der in den Spalten 1 und 2 durchgeführten Rechenoperationen. Bei **indirekter** Proportionalität: Umkehr der in den Spalten 1 und 2 durchgeführten Rechenoperationen, aber nicht der beteiligten Faktoren/Divisoren.
Zeile 3: Weitere bekannte Ausgangswerte und Formelzeichen der unbekannten Größe notieren	22	8	·22 ↓ x ·8 ↓
6. Verhältnisgleichung herleiten	• Arbeitet der Automat nur an EINEM Tag (Spalte 1, Zeile 2), also einem **Zwanzigstel** der Arbeitstage, kann er bei einer unveränderten täglichen Betriebszeit von sieben Stunden statt 4200 nur 4200/**20** Prüfungen ausführen. • An 22 Arbeitstagen kann der Automat bei täglich sieben Betriebsstunden **22x** so viele Prüfungen ausführen, also $4200 \cdot$ **22**/20. • Arbeitet der Automat an jedem der 22 Arbeitstage jeweils nur EINE Stunde (Spalte 2, Zeile 2), also ein **Siebentel** der täglichen Arbeitszeit, kann er nur 4200/**7** · 22/20 Prüfungen ausführen. • In acht Betriebsstunden kann der Automat bei 22 Arbeitstagen **8x** so viele Prüfungen ausführen, also $4200 \cdot$ **8**/7 · 22/20.		
7. Verhältnisgleichung aufstellen und Unbekannte berechnen	$$x = 4200 \cdot \frac{8}{7} \cdot \frac{22}{20} = 5280$$		
8. Antwortsatz formulieren	Im Monat März können mit dem Analyseautomaten 5280 Prüfungen ausgeführt werden.		

2.2.3 Aufgaben zu Proportionalität und Dreisatz

1. Entscheiden Sie, ob in den folgenden Fällen zwischen den beteiligten Größen Proportionalität vorliegt und wenn ja, welche. Begründen Sie Ihre Antwort.

Sachverhalt	Mathematische Beschreibung	Proportionalität? Welche?
a) Röntgenröhre: Kinetische Energie W von Elektronen zwischen Katode und Anode in Abhängigkeit von der Anodenspannung U (e elektrische Elementarladung). Mögliche Fragestellung: Elektronen besitzen nach Beschleunigen mit einer Spannung U_1 die Energie W_1. Wie groß ist die Energie W_2, wenn die Elektronen mit einer Spannung U_2 beschleunigt werden?	$W = e \cdot U$	
b) Sonographie: Wellenlänge λ in Abhängigkeit von der Schallfrequenz f (c = Schallgeschwindigkeit im betrachteten Stoff) Mögliche Fragestellung: Für die Untersuchung von Muskelgewebe betrage bei einem Schallkopf mit Frequenz f_1 die Schallwellenlänge λ_1. Wie groß ist die Wellenlänge λ_2, wenn zur Untersuchung des gleichen Gewebes ein Schallkopf der Frequenz f_2 verwendet wird, die Schallgeschwindigkeit c jedoch **nicht** bekannt ist?	$\lambda = \dfrac{c}{f}$	
c) Isotherme Zustandsänderung: Unter Voraussetzung konstanter Temperatur ist das Produkt aus Druck und Volumen einer abgeschlossenen Gasmenge konstant. Mögliche Fragestellung: In einer Gasflasche mit Volumen V_1 befindet sich unter Druck p_1 komprimierter Sauerstoff. Wie groß ist p_2, wenn diese Sauerstoffmenge in einer Gasflasche mit einem Volumen V_2 komprimiert werden würde?	$p \cdot V = \text{konst.}$	
d) Kontinuitätsgleichung inkompressibler Medien: Für eine inkompressible Flüssigkeit, also eine Flüssigkeit konstanter Dichte, ist das Produkt aus durchströmter Fläche und Strömungsgeschwindigkeit konstant. Mögliche Fragestellung: Eine inkompressible Flüssigkeit fließt mit der Geschwindigkeit v_1 durch ein Rohr mit Querschnitt A_1. Das Rohr verjüngt sich auf die Hälfte dieses Querschnitts. Wie groß ist die Strömungsgeschwindigkeit in diesem Teil des Rohres?	$A \cdot v = \text{konst.}$	
e) Halbwertszeiten: Von vier in der Nuklearmedizin wichtigen Radioisotopen des Elementes Jod sind folgende Halbwertszeiten bekannt: Isotop $\quad$ ^{123}J $\qquad$ ^{125}J $\qquad$ ^{131}J $\qquad$ ^{132}J Halbwertszeit 13 h $\quad$ 59 d $\qquad$ 8 d $\qquad$ 2,3 h Mögliche Fragestellung: Besteht zwischen der Massezahl dieser Isotope und ihrer Halbwertszeit Proportionalität und wenn ja, welche?		

2. Gesamtblutmenge im Körper bestimmen.

Durch Spritzen eines Farbstoffes und dessen gleichmäßige Verteilung im Körper kann über das Blutplasmavolumen die Gesamtblutmenge bestimmt werden. Zwischen den Konzentrationen und Volumina von Farbstoff und Blutplasma gilt:

$$c_t \cdot V_t = c_p \cdot V_p$$

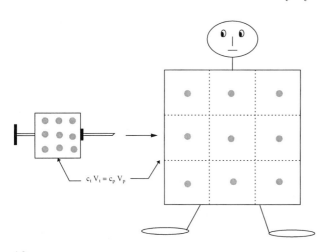

c_t = Konzentration des Farbstoffes
V_t = gespritzte Menge (Volumen) des Farbstoffes
c_p = Konzentration des Farbstoffes im Plasma
V_p = Blutplasmavolumen

a) Welche Art von Proportionalität liegt vor?
b) Berechnen Sie das Blutplasmavolumen V_p für folgende gegebene Werte (vgl. Keidel, 1979):
   $c_t = 0,3\,\%$
   $V_t = 10\ ml$
   $c_p = 0,001\,\%$ (Farbstoffkonzentration in einer venösen Blutprobe)
c) Eine MTL hat für einen gesunden erwachsenen männlichen Patienten das Blutplasmavolumen ermittelt. Nach Umrechnung von Milliliter in Liter erhält sie 0,32 Liter. Bewerten Sie dieses Ergebnis.

3. Um die glomuläre Filtrationsrate GFR näherungsweise ermitteln zu können, kann die Kreatinin-Clearance bestimmt werden (Thomas, 1998). Als vereinfachende Annahmen seien vereinbart, dass das Kreatinin-Filtrat ohne Resorption und Absonderung vollständig ausgeschieden wird und aus der Körperoberfläche des Patienten resultierende Korrekturfaktoren sowie Alter und Geschlecht vernachlässigt werden. Unter diesen Voraussetzungen gilt:

$$c_u \cdot V_u = c_f \cdot V_f$$

Es bedeuten:
c_u Kreatinin-Konzentration im Urin (in mg/dl)
V_u Pro Minute ausgeschiedene Urinmenge (in ml/min)
c_f Kreatinin-Konzentration in der zu filtrierenden Flüssigkeitsmenge (ermittelt über eine Blutentnahme, in mg/dl)
V_f Filtrierte Flüssigkeitsmenge (in ml/min) = Kreatinin-Clearance C

a) Welche Art von Proportionalität liegt vor?
b) Im Blut eines Patienten wurde eine Kreatinin-Konzentration von 1mg/dl ermittelt. Die in 24 Stunden ausgeschiedene Urinmenge betrug 1000ml, die darin enthaltene Kreatininmenge 1500mg. Berechnen Sie die Kreatinin-Clearance in ml/min.
c) Eine MTL hat für die Kreatinin-Clearance eines gesunden und normalgewichtigen dreißigjährigen Patienten 1,5 l/min ermittelt. Bewerten Sie dieses Ergebnis.

> Die hier genannte Methode basiert auf der Sammlung von Urin. Fehler bei der Urinsammlung können aber zu Ergebnisungenauigkeiten führen, die eine präzise Aussage zur Kreatinin-Clearance erschweren. Eine nähere Beleuchtung der Störanfälligkeit dieses Verfahrens würde den Rahmen dieser Broschüre sprengen. Statt dessen wird auf entsprechende Fachliteratur verwiesen. Man beachte außerdem, dass o.g. Daten auch in SI-Einheiten vorliegen können und sich dann aufgrund von Umrechnungsfaktoren andere Zahlenwerte ergeben.

> Eine Abschätzung der GFR ist auch ohne Urinsammlung möglich. Hierzu werden mathematische Formeln herangezogen, die eine Reihe verschiedener Faktoren berücksichtigen (s. Aufgabenteil Kapitel 2.4, S. 26).

> Die in dieser Aufgabe mit dem Symbol V bezeichneten Größen sind keine Volumina im statischen Sinne, sondern **Änderungen** dieser Volumina in einer bestimmten Zeiteinheit, hier „pro Minute". Dies wird in den entsprechenden Maßeinheiten deutlich.
> Für die vorliegende Aufgabe sei vereinbart, dass das Symbol V Synonym für eine Volumen**änderung** ist. Man beachte aber, dass Änderungen einer physikalischen Größe genau genommen durch eine hierfür speziell definierte Notation kenntlich gemacht werden. Erläuterungen zu dieser Notation sind nicht Gegenstand des Arbeitsheftes.

4. Ferritin ist neben Hämosiderin das wichtigste Speicherprotein für Eisen. Man nutzt die im Blutserum befindliche Menge Ferritin, um Eisenmangel oder Eisenüberladung festzustellen. 1 µg/l Serumferritin entspricht pro kg Körpergewicht 140 µg gespeichertem Eisen. Der Referenzbereich für Männer im Alter zwischen 20 und 50 Jahren liegt zwischen 34 µg/l und 310 µg/l (Thomas, 1998).
a) Welche Art von Proportionalität liegt zwischen Serumferritin und gespeichertem Eisen vor?
b) Berechnen Sie für beide Grenzwerte die entsprechende Menge an gespeichertem Eisen in mg pro kg Körpergewicht.
c) Eine Laborantin hat für einen gesunden männlichen Erwachsenen mit einer Körpermasse von 72 kg die Masse an gespeichertem Eisen ermittelt. Sie erhielt 1440mg. Kann dieses Ergebnis richtig sein? Begründen Sie Ihre Antwort auf mathematischem Weg.

Referenzbereiche können sich aufgrund neuer medizinischer Erkenntnisse ändern. Für neueste Festlegungen zu einem ganz bestimmten Referenzbereich wird auf die entsprechende Fachliteratur verwiesen.

5. ✖✖ Für eine Studie sollen die Laborwerte einer umfangreichen sportmedizinischen Untersuchung ermittelt werden. Hierfür sind 10 MTL mit einer täglichen Arbeitszeit von je 8 Stunden und 18 Arbeitstage vorgesehen.

a) Welche Art von Proportionalität besteht zwischen der Anzahl der eingesetzten MTL und der Anzahl der zur Erledigung der Untersuchung notwendigen Arbeitstage? Welche Art von Proportionalität besteht zwischen der Anzahl der Arbeitstage und der Anzahl der zur Erledigung der Untersuchung notwendigen täglichen Arbeitszeit?

b) Noch vor Beginn der Arbeiten fallen vier MTL wegen Krankheit aus. Um wie viele Stunden müsste die tägliche Arbeitszeit erhöht werden, wenn für die Ermittlung der Laborwerte trotz der Ausfälle nur zwei Arbeitstage zusätzlich geplant werden können?

6. ✖✖ Der Aufenthalt in Abteilung A einer Klinik beträgt im Mittel 5 Tage. In der Abteilung sind i.d.R. 20 Patienten untergebracht. Zu deren medikamentöser Versorgung muss ein Serum S zu Wochenbeginn stets mit 500 ml vorrätig sein. Nach Rekonstruktionsmaßnahmen kann die Abteilung nun 25 Patienten aufnehmen. Deren Liegezeit wurde dank neuer medizinischer Methoden um durchschnittlich einen Tag gesenkt.

a) Welche Art von Proportionalität besteht zwischen der Patientenzahl und der Serummenge? Welche Art von Proportionalität besteht zwischen der Serumgröße und der Liegezeit?

b) Berechnen Sie, wie viele Milliliter des Serums S unter den neuen Gegebenheiten vorrätig sein müssen.

7. ✖✖ Um in der Röntgentechnik die Strahlenexposition des Patienten zu ermitteln, werden Messgeräte zur Bestimmung der Flächendosis F verwendet. Die Flächendosis ist das Produkt aus gemessener Ionendosis J und der vom Röntgenstrahlenbündel getroffenen Fläche A. Dieses Produkt ist unabhängig vom Abstand Brennfleck-Messkammer konstant. Es gilt somit:

$$F = J \cdot A$$

a) Welche Art von Proportionalität besteht zwischen Ionendosis und bestrahlter Fläche?

b) Über eine brennflecknahe Messung der Flächendosis wurde bei einer Fläche $A_1 = 25$ cm^2 eine Ionendosis J_1 von 40 mGy ermittelt. Berechnen Sie die Ionendosis J_2 bei diesem Gerät, wenn bei unveränderter Feldeinblendung aufgrund einer größeren Entfernung vom Fokus die bestrahlte Fläche 100 cm^2 betrug.

8. Licht wird beim Durchgang durch die Grenzfläche zweier verschiedener Stoffe gebrochen.

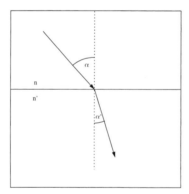

Für diesen Vorgang gilt: Das Produkt aus der Brechzahl n des vor der Grenzfläche liegenden Mediums und dem Sinus des Einfallswinkels a ist gleich dem Produkt aus der Brechzahl n' des nach der Grenzfläche liegenden Mediums und dem Sinus des Ausfallswinkels a'. Es gilt:

$$n \cdot \sin \alpha = n' \cdot \sin \alpha'$$

a) Welche Art von Proportionalität besteht zwischen Brechzahl und dem Sinus des betreffenden Winkels?

b) Für Licht mit einer Wellenlänge $\lambda = 589,3$ nm gelten für Luft und Glas folgende Brechzahlen (gerundet): $n_{Luft} = 1$, $n_{Glas} = 1,5$. Berechnen Sie für Licht dieser Wellenlänge, welches von Luft in Glas und unter einem Winkel von 30° einfällt, den Ausfallswinkel.

9. Für die Ausbreitung elektromagnetischer Wellen in einem homogenen Medium gilt: Das Produkt aus Wellenlänge λ und Frequenz f ist konstant. Es entspricht der Ausbreitungsgeschwindigkeit c dieser Wellen im betrachteten Medium. Angenommen, dieses Medium sei Wasser und die Ausbreitungsgeschwindigkeit c im Wasser nicht bekannt. Bekannt seien jedoch die in Wasser geltende Wellenlänge λ_h und Frequenz f_h einer harten Röntgenstrahlung. Von einer weichen Röntgenstrahlung sei nur deren Wellenlänge λ_w bekannt.

a) Welche Art von Proportionalität besteht zwischen Wellenlänge λ und Frequenz f?

b) Stellen Sie eine allgemeine Gleichung auf, nach welcher aus den drei oben genannten Größen die Frequenz f_W der weichen Röntgenstrahlung ermittelt werden kann.

2.3 Prozentrechnung

2.3.1 Einige einleitende Bemerkungen

Bei Aufgaben zur Prozentrechnung kann Folgendes Probleme bereiten:
a) die korrekte Zuordnung von Grund- und Prozentwert,
b) die richtige Interpretation von „um/auf wie viel Prozent" ein bestimmter Sachverhalt steigt oder fällt.
Dies soll an einem bewusst sehr einfach gewählten Beispiel demonstriert werden.

Fall 1: Sie haben gestern am Geldautomaten 100 Euro abgehoben. Am selben Tag haben Sie hiervon 20 Euro ausgegeben. 80 Euro verbleiben.
Frage 1: Um wie viel Prozent hat sich Ihr abgehobener Betrag verringert? Antwort: Um 20 %.
Frage 2: Auf wie viel Prozent hat sich Ihr abgehobener Betrag verringert? Antwort: Auf 80 %.

Fall 2: Sie haben heute 80 Euro in Ihrer Geldbörse. Sie brauchen aber insgesamt 100 Euro und heben deshalb am Geldautomaten 20 Euro ab.
Frage 1: Um wie viel Prozent hat sich der Betrag in Ihrer Geldbörse erhöht? Antwort: Um 25 %.
Frage 2: Auf wie viel Prozent hat sich der Betrag in Ihrer Geldbörse erhöht? Antwort: Auf 125 %.
Dieses Beispiel soll zeigen, dass gleiche Zahlenwerte (20, 80, 100 Euro) in verschiedener Aufgabenstellung zu verschiedenen Lösungen führen. Genau dieser Sachverhalt scheint aber nicht immer klar zu sein. Dann kann das Ergebnis für Fall 2, Frage 1, z. B. lauten: Erhöhung des Geldbetrages um 20 %. Diese Aussage ist aber falsch.

Fazit: Wie bei den meisten verbalen Aufgabenstellungen kommt es darauf an, den richtigen Ansatz zu finden. Hinsichtlich der Prozentrechnung heißt das, die gegebenen Werte den drei Größen Prozentsatz, Grund- und Prozentwert richtig zuzuordnen. Diesem Ziel dienen die für dieses Kapitel vorbereiteten Aufgaben.
Zuvor aber soll auf einen beruflichen Bezug aufmerksam gemacht werden, in welchem der Begriff „Prozentsatz" nicht explizit genannt, sondern durch ganz spezielle Fachbegriffe umschrieben wird: Es handelt sich um die Sensitivität und Spezifität von Labortests.

2.3.2 Sensitivität und Spezifität von Labortests

Ein Labortest ist umso brauchbarer, je zuverlässiger er Kranke als tatsächlich krank und Gesunde als tatsächlich gesund erkennt.
In der Praxis wird der ideale Zustand, nämlich alle Kranken als krank und alle Gesunden als gesund zu signalisieren, nicht erreicht. Von den tatsächlich Kranken wird statt dessen ein gewisser Anteil als gesund und von den Gesunden ein gewisser Anteil als krank ausgewiesen.
Um die Güte eines Labortests beurteilen zu können, hat man zwei Kennwerte definiert (vgl. Pschyrembel, 2002).

> **Sensitivität** ist die Fähigkeit eines diagnostischen Tests, Personen mit einer fraglichen Erkrankung als Kranke zu erkennen. Sie ist definiert als Quotient aus der Personenzahl mit positivem Testergebnis unter den Kranken und der Gesamtzahl der Kranken.

Die Personenzahl Kranker mit positivem (krank) Testergebnis wird als richtig-positiv (rp) bezeichnet. Die Differenz zur Gesamtzahl der Kranken sind alle die kranken Personen, für die der Test fälschlicherweise negativ (gesund) ausfiel. Alle diese Personen fallen in die Kategorie falsch-negativ (fn).
Die Gesamtzahl aller getesteten Kranken ist somit die Summe aus rp und fn. Auf die Prozentrechnung übertragen hieße das: rp + fn entsprechen 100 %, also dem Grundwert G. rp ist eine bestimmte Menge Kranker aus der Gesamtzahl der getesteten Kranken, die dem Prozentwert W entspricht. Als Unbekannte verbleibt der Prozentsatz p. Er wird unter Maßgabe obiger Testkriterien Sensitivität genannt. Man vergleiche:

$$p = \frac{W}{G} \cdot 100\% \qquad \Rightarrow \qquad \text{Sensitivität} = \frac{rp}{rp + fn} \cdot 100\%$$

Spezifität ist die Fähigkeit eines diagnostischen Tests, Personen ohne eine fragliche Erkrankung als Nichtkranke (also als Gesunde im Sinne des Tests) zu erkennen. Die Spezifität ist definiert als Quotient aus der Personenzahl mit negativem Testergebnis unter den Nichtkranken und der Gesamtzahl der Nichtkranken.

Die Personenzahl Gesunder mit negativem (gesund) Testergebnis wird als richtig-negativ (rn) bezeichnet. Die Differenz zur Gesamtzahl der Gesunden sind alle die gesunden Personen, für die der Test fälschlicherweise positiv (krank) ausfiel. Alle diese Personen fallen in die Kategorie falsch-positiv (fp).

Die Gesamtzahl aller getesteten Gesunden ist somit die Summe aus rn und fp. Auf die Prozentrechnung übertragen hieße das: rn + fp entsprechen 100 %, also dem Grundwert G. rn ist eine bestimmte Menge Gesunder aus der Gesamtzahl der getesteten Gesunden, die dem Prozentwert W entspricht. Als Unbekannte verbleibt der Prozentsatz p. Er wird unter Maßgabe obiger Testkriterien Spezifität genannt. Man vergleiche:

$$p = \frac{W}{G} \cdot 100\% \qquad \Rrightarrow \text{Spezifität} = \frac{rn}{rn + fp} \cdot 100\%$$

Die folgende Abbildung soll diese Definitionen illustrieren:

$$\text{Spezifität} = \frac{rn}{rn + fp} \cdot 100\%$$

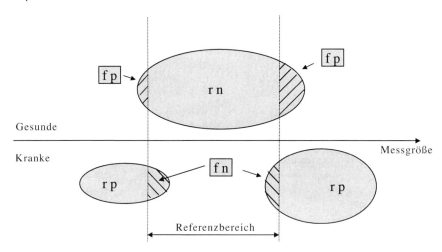

$$\text{Sensitivität} = \frac{rp}{rp + fn} \cdot 100\%$$

Warum „Spezifität": Ein Testverfahren sollte Indikator für eine ganz bestimmte (spezifische) Krankheit sein, bei (im Sinne dieser Krankheit) gesunden Personen aber „Entwarnung" geben (richtig-negatives Ergebnis). Da die Symptome der untersuchten Krankheit bei einigen wenigen, tatsächlich Gesunden jedoch auch durch andere Ursachen hervorgerufen werden können, stuft der Test diese Personengruppe fälschlicherweise als krank (falsch-positiv) ein.

Warum „Sensitivität": Ein Testverfahren sollte hinsichtlich der Krankheit sehr sensibel sein, also möglichst viele Kranke (im Sinne dieser Krankheit) erkennen können (richtig-positives Ergebnis). Da die Krankheit jedoch auch Symptome aufweisen kann, die durch den Test nicht erfasst werden, stuft er die betreffenden Personen fälschlicherweise als gesund (falsch-negativ) ein.

Für weiterführende Betrachtungen dieses Themas siehe z. B. Thomas, 1998.

An dieser Stelle noch ein Hinweis auf eine der Prozentangabe adäquate und in der Literatur oft verwendete Schreibweise: 1 % entspricht 1 Teil von 100 Teilen, also dem Dezimalbruch 1/100. 100 % entsprechen einem Ganzen, also 1. Diesen Sachverhalt *beispielhaft* auf die Formel für die Sensitivität übertragen hieße das:

$$\text{Sensitivität} = \frac{rp}{rp + fn} \cdot 100\%$$

Diese Formel ist identisch mit:

$$\text{Sensitivität} = \frac{rp}{rp + fn} \cdot 1$$

Die Sensitivität wird hierbei nicht in Prozent, sondern als Dezimalbruch angegeben.

2.3.3 Aufgaben zur Prozentrechnung

1. Von zwei Patienten A und B seien für den Kalium-Gehalt im Magensaft folgende Werte bekannt: Patient A 8,2 mmol/l, Patient B 10,66 mmol/l. Berechnen Sie, um wie viel Prozent der Kalium-Gehalt im Magensaft des Patienten B über dem des Patienten A liegt (zu Referenzwerten von Magensaftbestandteilen siehe z. B. Pschyrembel, 2002).

2. Für einige sportliche Leistungen sind folgende Energieumsätze bekannt (Keidel, 1979):

Sportart	Wert (J/[kg · s])
Skilaufen 9 km/h	10,5
Schwimmen 3 km/h	12,4
Radfahren 43 km/h	18,3
Handball	22,4

Berechnen Sie, um wie viel Prozent der Energieumsatz beim Schwimmen niedriger ist als der beim Handball. Runden Sie Ihr Ergebnis auf einen ganzzahligen Wert.

3. Als Durchschnittswerte der maximalen Sauerstoffaufnahme von Trainierten und Untrainierten sind bekannt (Silbernagl u. Despopoulos, 2003):

Personengruppe	Maximale Sauerstoffaufnahme (l/min)
Trainiert (männlich)	4,8
Untrainiert (männlich)	3,2
Trainiert (weiblich)	
Untrainiert (weiblich)	2,3

Die maximale Sauerstoffaufnahme einer trainierten weiblichen Person ist um 43,8 % höher als die einer untrainierten weiblichen Person. Berechnen Sie den in der Tabelle fehlenden Wert der „Sportlerin". Runden Sie Ihr Ergebnis auf Zehntel.

4. Das Herzminutenvolumen (HMV) betrage in Ruhe 5,0 l/min.
   a) Berechnen Sie das HMV, wenn eine Erhöhung desselben um 35 % registriert wird.
   b) Bei schwerster körperlicher Arbeit kann das HMV auf über 30 l/min steigen. Berechnen Sie, um wie viel Prozent sich das HMV gegenüber dem Ruhewert erhöht hat.

5. Unter der vereinfachenden Annahme, dass Blut eine Dichte von $1 g/cm^{-3}$ aufweist, können Zahlenwerte für seine Masse und sein Volumen, also von zwei im physikalischen Sinn verschiedenen Größen, gleichgesetzt werden.
   Unter Beachtung dieser Vereinbarung gelte folgender Sachverhalt: Das im menschlichen Organismus befindliche Blutvolumen beträgt etwa 8 % seiner Körpermasse.
   a) Berechnen Sie, wie viel Liter Blut im Körper eines Menschen mit einer Körpermasse von 70 kg fließen.
   b) Die genannte Person spendet 0,5 Liter Blut. Berechnen Sie, auf wie viel Prozent des in a) ermittelten Wertes das Blutvolumen durch die Blutspende sinkt. Runden Sie das Ergebnis auf einen ganzzahligen Wert.

6. Das Technetium-Isotop ^{99m}Tc und das Jod-Isotop ^{123}J sind zwei in der Nuklearmedizin eingesetzte Gamma-Strahler. Die von ^{123}J freigesetzten Photonen haben eine Energie von 160 keV. Geht ^{99m}Tc vom angeregten (metastabilen) Zustand in den Grundzustand ^{99}Tc über, werden Photonen frei, deren Energie um 12,5 % unter dem für ^{123}J genannten Wert liegt. Berechnen Sie die Energie der beim Übergang von ^{99m}Tc nach ^{99}Tc freiwerdenden Photonen.

7. Eine Doppelfokusröhre hat zwei Brennflecke unterschiedlicher Größe. So habe z. B. der größere Brennfleck Abmessungen von 1,3 mm x 1,3 mm. Die Fläche des kleineren betrage ca. 21 % von derjenigen des größeren Brennflecks. Berechnen Sie die Fläche (in mm^2, auf Hundertstel genau) und Kantenlänge (in mm, auf Zehntel genau) des kleineren, als quadratisch angenommenen Brennflecks.

8. Zu den Nährstoffen zählen die Kohlenhydrate Stärke und Glukose. Der physikalische Brennwert von Stärke liegt um etwa 12,23 % höher als der von Glukose und beträgt 17,62 kJ/g. Berechnen Sie den physikalischen Brennwert von Glukose. Runden Sie Ihr Ergebnis auf Zehntel.

9. Für eine radiologische Praxis wurde ein neues Sonographiegerät gekauft. Das Gerät kostete 30450 Euro inklusive 16% Mehrwertsteuer. Berechnen Sie den Grundpreis und den Betrag der Mehrwertsteuer dieses Gerätes.

10. Sensitivität und Spezifität (S. 13):
    a) Gegen welchen Wert muss die Anzahl falsch-negativer Ergebnisse gehen, damit die Sensitivität eines Labortests möglichst hoch ist?
    b) Gegen welchen Wert muss die Anzahl falsch-positiver Ergebnisse gehen, damit die Spezifität eines Labortests möglichst hoch ist?

2.4 Potenzen

2.4.1 Zum Potenzbegriff

Die n-te Potenz einer beliebigen reellen Zahl a ist eine andere und kürzere Schreibweise für das Produkt aus n gleichen Zahlen a:

$$a^n = a \cdot a \cdot \ldots \cdot a \qquad \text{mit n Faktoren vom Wert a, } n > 0, n \in N$$

> Zum Vergleich: Eine ähnliche Vereinfachung stellt die Multiplikation gegenüber der Addition dar. Das Produkt einer Zahl a mit einem Faktor n ist eine andere und kürzere Schreibweise für die Summe aus n gleichen Zahlen a:
> $n \cdot a = a + a + \ldots + a$ mit n Summanden des Wertes a

Die Bestandteile der Potenz a^n nennt man:
    a = Basis
    n = Hochzahl, Exponent (lt. exponere: heraussetzen)

Nun gilt o.g. Sichtweise nur für Exponenten n, die größer als 0 sind und im Bereich der natürlichen Zahlen liegen. Für n = 0 und negative ganzzahlige Exponenten hat man den Potenzbegriff durch folgende Definitionen erweitert:

$$a^0 = 1 \qquad (a \neq 0)$$
$$a^{-n} = \frac{1}{a^n} \qquad (a \neq 0)$$

Eine nochmalige Erweiterung des Potenzbegriffs lässt für positive reelle Basen auch rationale Exponenten zu. Es wurde definiert:

$$a^{\frac{m}{n}} = (\sqrt[n]{a})^m \qquad a > 0, n > 0, a \in P, n \in N, m \in G,$$

Bei positiven Basen kann der Exponent auch eine reelle Zahl sein.
Die Unterscheidung von Potenzen nach Exponenten aus verschiedenen Zahlenbereichen ist eine durchaus gängige Lesart. Ausnahmeregelungen für Basis und Exponent können einschlägigen Tafelwerken entnommen werden. Man beachte diese Regelungen bei der Lösung bzw. Kontrolle von Übungs- und praktischen Aufgaben.

2.4.2 Zu praktisch wichtigen Werten der Basis a

Für die tägliche Praxis von MTRs und MTLs scheinen folgende Basen besonders wichtig zu sein:

- **Basis 2:** Wichtig vor allem in der Informationstechnik, speziell allem, was mit elektronischen Speichermedien und der Bildverarbeitung zu tun hat. Insbesondere MTRs sollten mit dieser Basis umgehen können.

- **Basis 10:** Wichtig bei allen großen und kleinen Zahlen, die durch Zehnerpotenzen dargestellt werden können. Wichtig auch für das Verständnis von Vorsatzsilben und -zeichen. Gleichermaßen für MTRs und MTLs relevant.

- **Basis e:** Bei der EULERschen Zahl e handelt es sich um eine Basis aus dem Bereich der reellen Zahlen. Es ist üblich, aber nicht zwingend erforderlich, diese Zahl bei der mathematischen Behandlung von Wachstums- und Zerfallsprozessen zu verwenden (s. Abschnitt 2.7.3, S. 41).

Die Basis, aber auch der Exponent, müssen nicht unbedingt eine Zahl sein. Statt dessen können, analog dem elementaren Rechnen oder dem Lösen von Gleichungen, allgemeine Zahlensymbole wie z.B. a, b, m, n oder auch zusammengesetzte Terme wie a + b, 2x – 3y Verwendung finden.
Die in diesem Kapitel enthaltenen Übungsaufgaben konzentrieren sich hinsichtlich der Basis a nicht nur auf die soeben genannten wichtigen Werte.

2.4.3 Umkehroperationen des Potenzierens

Zum Vergleich: Addition und Multiplikation sind Rechenarten der ersten bzw. zweiten Stufe, kurz Grundrechenarten. Jede dieser Rechenarten hat genau **eine** Umkehroperation: Subtraktion und Division. Beim Potenzieren müssen jedoch **zwei** Umkehroperationen unterschieden werden:

- Radizieren (Wurzelziehen),
- Logarithmieren.

Diesen Operationen sind mit den Kapiteln 2.5 und 2.6 eigene Abschnitte gewidmet (S. 28 u. 31). Deshalb soll der kurze theoretische Abriss zum Thema „Potenzen" an dieser Stelle beendet werden.

2.4.4 Zur Darstellung von Zahlen durch Zehnerpotenzen

Wohl eine der wichtigsten praktischen Anwendungen ist die Darstellung großer und kleiner Zahlen unter Verwendung von Zehnerpotenzen. Diese ist Gegenstand des folgenden Abschnittes.
Man kann sicher mit Recht sagen, dass die im Alltag und in vielen Berufszweigen bei Potenzen am häufigsten verwendete Basis die Zahl 10 ist. Mit Hilfe von Zehnerpotenzen lassen sich große und kleine Zahlenwerte sachlich gleichwertig und in einfacher Form darstellen. Deutlich wird dies an „astronomisch großen" und „mikroskopisch kleinen" Zahlen. Es folgen hierfür einige Beispiele.

Sachverhalt	Als Dezimalzahl	Als Potenz
geschätztes Alter der Sonne	5 000 000 000 a	$5 \cdot 10^9$ a
mittlere Entfernung Erde – Sonne	149 600 000 km	$1,496 \cdot 10^8$ km
geschätzte Masse unserer Galaxis	14 000 000 000 ☉	$1,4 \cdot 10^{10}$ ☉
mittlerer Durchmesser roter Blutkörperchen	0,000 007 500 m	$7,5 \cdot 10^{-6}$ m
☉ Synonym für die Sonnenmasse		

Für bestimmte Potenzen der Zahl 10 hat man Vorsatzsilben und Kurzzeichen festgelegt. Die folgende Tabelle zeigt eine Auswahl der Vorsatzsilben und Kurzzeichen, die man durchaus ohne Blick ins Tafelwerk als jederzeit abrufbereites Wissen im Gedächtnis haben sollte.

Vorsatzsilbe	Kurzzeichen	Faktor	Potenz	Beispiel	
				Vorsatzzeichen und Maßeinheit	gemessene Größe
Tera	T	1 000 000 000 000	10^{12}	Tpt	Labor: Angabe der Erythrozytenanzahl in Terapartikeln pro Liter
Giga	G	1 000 000 000	10^9	GByte	Speicherkapazität heutiger Festplatten
Mega	M	1 000 000	10^6	MeV	Elektronenenergie bei Erzeugung ultraharter Röntgenstrahlung
Kilo	k	1 000	10^3	keV	Elektronenenergie bei Erzeugung weicher Röntgenstrahlung
Hekto	h	100	10^2	hl	Raummaß von Weinfässern
Dezi	d	0,1	10^{-1}	dm	Wellenlänge Satelliten-TV
Zenti	c	0,01	10^{-2}	cm	Körpergröße
Milli	m	0,001	10^{-3}	mmol	Stoffmenge gelöster Ionen in Meerwasser
Mikro	µ	0,000 001	10^{-6}	µF	Kapazität eines Defibrillator-Kondensators
Nano	n	0,000 000 001	10^{-9}	nm	Dicke einer Axonmembran
Pico	p	0,000 000 000 001	10^{-12}	pm	Wellenlänge harter Röntgenstrahlung
Femto	f	0,000 000 000 000 001	10^{-15}	fl	Volumen eines Einzelerythrozyten (MCV)

Es folgen einige Beispiele für die Darstellung von Dezimalzahlen in Potenzschreibweise oder unter Anwendung von Kurzzeichen.

---

125 000 V (Anodenspannung für eine seitliche Thoraxaufnahme)

Hinsichtlich der für Zehnerpotenzen definierten Kurzzeichen liegt dieser Wert zwischen 1 000 und 1 000 000. Die entsprechenden Kurzzeichen sind k bzw. M. Es liegt also nahe, den gegebenen Wert unter Verwendung von 1 000 oder 1 000 000 auszudrücken:

125 000 V	= 125 · **1 000** V	= 125 · 10^3 V	= 125 **k**V
125 000 V	= 0,125 · **1 000 000** V	= 0,125 · 10^6 V	= 0,125 **M**V

40 000 000 000 Byte (Speicherkapazität einer Festplatte)

Hinsichtlich der für Zehnerpotenzen definierten Kurzzeichen liegt dieser Wert zwischen einer Milliarde und einer Billion. Die entsprechenden Kurzzeichen sind G bzw. T. Es liegt also nahe, den gegebenen Wert unter Verwendung von einer Milliarde oder einer Billion auszudrücken:

40 000 000 000 Byte	= 40 · **1 000 000 000** Byte	= 40 · 10^9 Byte	= 40 **G**Byte
40 000 000 000 Byte	= 0,04 · **1 000 000 000 000** Byte	= 0,04 · 10^{12} Byte	= 0,04 **T**Byte

0,000 250 mol/l (unterer Referenzwert für Magnesium im Magensaft [Pschyrembel, 2002])

Hinsichtlich der für Zehnerpotenzen definierten Kurzzeichen liegt dieser Wert zwischen einem Tausendstel und einem Millionstel. Die entsprechenden Kurzzeichen sind m bzw. µ. Es liegt also nahe, den gegebenen Wert unter Verwendung von einem Tausendstel oder einem Millionstel auszudrücken:

0, 000 250 mol/l	= 0,250 · **1/1 000** mol/l	= 0,250 · 10^{-3} mol/l	= 0,250 **m**mol/l
0, 000 250 mol/l	= 250 · **1/1 000 000** mol/l	= 250 · 10^{-6} mol/l	= 250 **µ**mol/l

0,000 000 527 m (Lichtwellenlänge aus dem grünen Spektralteil elektromagnetischer Strahlen)

Hinsichtlich der für Zehnerpotenzen definierten Kurzzeichen liegt dieser Wert zwischen einem Millionstel und einem Milliardstel. Die entsprechenden Kurzzeichen sind µ bzw. n. Es liegt also nahe, den gegebenen Wert unter Verwendung von einem Millionstel oder einem Milliardstel auszudrücken:

0, 000 000 527 m	= 0,527 · **1/1 000 000** m	= 0,527 · 10^{-6} m	= 0,527 **µ**m
0, 000 000 527 m	= 527 · **1/1 000 000 000** m	= 527 · 10^{-9} m	= 527 **n**m

---

2.4.5 Aufgaben zur Anwendung von Zehnerpotenzen und Kurzzeichen

1. **✿✿✿** Die Normalzahl roter Blutkörperchen beträgt bei Männern ca. 5,4 Millionen pro µl. Schreiben Sie diesen Wert unter Verwendung der Potenz 10^6.

2. **✿✿✿** Die Normalzahl weißer Blutkörperchen beträgt bei Erwachsenen $5 \cdot 10^3$ bis $10 \cdot 10^3$ pro µl. Schreiben Sie diese beiden Werte als natürliche Zahlen.

3. **✿✿✿** Beim gesunden Erwachsenen werden pro Minute ca. 160 Millionen roter Blutkörperchen neu gebildet. Berechnen Sie, wie vielen roten Blutkörperchen dies in einer Stunde entspricht. Schreiben Sie diesen Wert unter Verwendung der Potenz 10^9.

4. **✿✿✿** Die folgende Tabelle enthält die Anzahl der Glomeruli einiger Tierarten (Flindt, 2000). Schreiben Sie diese Werte als Produkt aus einer Zahl **mit einer Stelle vor dem Komma** und einer Zehnerpotenz.

Tierart	Anzahl der Glomeruli	Zahl	Zehnerpotenz
Frosch	2 000		
Ratte	52 000		
Fuchs	695 000		
Delphin	3 990 000		

5. **✿✿✿** Stellen Sie die in der folgenden Tabelle genannten Werte in der jeweils fehlenden Schreibweise dar. Finden Sie bei gegebener Dezimalzahl solche „abgespaltenen" Zehnerpotenzen bzw. Kurzzeichen, die dem dezimalen Wert „am ehesten" entsprechen. Sind die Dezimalzahl bzw. das Produkt aus Zahl und abgespaltener Zehnerpotenz gesucht, soll in deren Maßeinheit kein Kurzzeichen enthalten sein.

Sachverhalt	Als Dezimalzahl	Mit abgespalt. Zehnerpotenz	Mit Kurzzeichen
Gammastrahlungsenergie von ^{60}Co	1 330 000 eV		
Gammastrahlungsenergie von ^{82}Br		$0,77 \cdot 10^6$ eV	
Gammastrahlungsenergie von ^{125}J			0,03 MeV
Frequenz im Mikrowellenbereich	30 000 000 000 Hz		
Frequenz im Infrarotbereich		$30 \cdot 10^{12}$ Hz	
Untere Frequenzgrenze des sichtbaren Lichts			300 THz
Mögliche applizierte Radioaktivität zur Behandlung einer Schilddrüsenüberfunktion (vgl. Hermann, 1998)	1 200 000 000 Bq		
Verabreichte Radioaktivität bei der Knochenszintigrafie (Radiopharmakon: ^{99m}Tc-MDP; vgl. Hermann, 1998)		$555 \cdot 10^6$ Bq	
Verabreichte Radioaktivität bei der Schilddrüsenszintigraphie (Radiopharmakon: ^{131}J; vgl. Hermann, 1998)			1,85 MBq
Dicke einer Axonmembran	0,000 000 008 m		
Breite des synaptischen Spaltes zwischen prä- und postsynaptischer Membran		$20 \cdot 10^{-9}$ m	
ungefährer Durchmesser einer motorischen Nervenfaser			20 µm
Aminosäuren im 24-Stunden-Urin gesunder Erwachsener (vgl. Pschyrembel, 2002)	0,8 g		
Harnsäure im 24-Stunden-Urin gesunder Erwachsener (vgl. Pschyrembel, 2002)		$500 \cdot 10^{-3}$ g	
D-Glukose im 24-Stunden-Urin gesunder Erwachsener (vgl. Pschyrembel, 2002)			70 mg
Beispiel einer Wellenlänge im infraroten Bereich elektromagnetischer Strahlung	0,000 010 m		
Beispiel einer Wellenlänge im Bereich weicher Röntgenstrahlung		$1 \cdot 10^{-9}$ m	
Beispiel einer Wellenlänge im Bereich ultraharter Röntgenstrahlung			100 fm

2.4.6 Mit Potenzen rechnen

Für jede Rechenart gibt es Rechengesetze. Das Rechnen mit Potenzen ist in Potenzgesetzen geregelt. Diese sind Gegenstand mathematischer Formelsammlungen und Lehrbücher. Auf ein bloßes „Kopieren" der Potenzgesetze wurde im Rahmen dieser Arbeitsblätter verzichtet. Statt dessen sollen einige dieser Gesetze an Beispielen mit Zahlen und allgemeinen Zahlsymbolen demonstriert werden.

2.4.6.1 Basen gleich und Exponenten verschieden

Addition/Subtraktion

Für die Addition/Subtraktion von Potenzen mit gleichen Basen und ungleichen Exponenten gibt es keine Rechenregel, also kein Potenzgesetz.

Beispiele:

1. $8 \cdot 3^3 + 4 \cdot 3^2 = 8 \cdot 27 + 4 \cdot 9 = 252$
2. $8 \cdot 3^3 - 4 \cdot 3^2 = 8 \cdot 27 - 4 \cdot 9 = 180$
3. $i \cdot a^5 \pm j \cdot a^3 \rightarrow$ keine Vereinfachung möglich
4. $8 \text{ cm} \pm 4 \text{ cm}^2 \rightarrow$ keine Vereinfachung möglich

Potenzen mit gleicher Basis, aber ungleichen Exponenten können nur dann addiert bzw. subtrahiert werden, wenn sich die Potenzterme zuvor berechnen lassen (Beispiel 1 und 2). Andernfalls kann nicht addiert bzw. subtrahiert werden bzw. ist dies physikalisch gesehen sinnlos (Beispiel 3 und 4).

Multiplikation

> Potenzgesetz: $a^m \cdot a^n = a^{(m+n)}$ Potenzen mit gleicher Basis werden multipliziert, indem man die Basis mit der Summe der Exponenten potenziert.

Beispiele:

1. $8 \cdot 3^3 \cdot 4 \cdot 3^2 = 8 \cdot 4 \cdot 3^{3+2} = 32 \cdot 3^5 = 7776$

2. $i \cdot a^b \cdot j \cdot a^c = (i \cdot j) \cdot a^{b+c}$

3. $8 \, cm \cdot 4 \, cm^2 = (8 \cdot 4) \, cm^{1+2} = 32 \, cm^3$

   Das in Beispiel 3 genannte Produkt aus Länge und Fläche ist sinnvoll. Es stellt ein Volumen dar.

Division

> Potenzgesetz: $\dfrac{a^m}{a^n} = a^{m-n}$ Potenzen mit gleicher Basis werden dividiert, indem man die Basis mit der Differenz der Exponenten potenziert.

Beispiele:

1. $\dfrac{8 \cdot 3^3}{4 \cdot 3^2} = \dfrac{8}{4} \cdot 3^{3-2} = 2 \cdot 3^1 = 6$

2. $\dfrac{i \cdot a^b}{j \cdot a^c} = \dfrac{i}{j} \cdot a^{b-c}$

3. $\dfrac{8 \cdot cm^3}{4 \cdot cm^2} = 2 \cdot cm^{3-2} = 2 \, cm$

Der in Beispiel 3 genannte Quotient aus Volumen und Fläche ist sinnvoll. Er stellt eine Länge dar.

2.4.6.2 Basen verschieden und Exponenten gleich

Addition/Subtraktion

> Für die Addition/Subtraktion von Potenzen mit verschiedenen Basen und gleichen Exponenten gibt es keine Rechenregel, also kein Potenzgesetz.

Beispiele:

1. $8 \cdot 3^2 + 4 \cdot 5^2 = 8 \cdot 9 + 4 \cdot 25 = 172$

2. $8 \cdot 3^2 - 4 \cdot 5^2 = 8 \cdot 9 - 4 \cdot 25 = -28$

3. $i \cdot a^3 \pm j \cdot b^3 \rightarrow$ keine Vereinfachung möglich

4. $8 \cdot V^1 \pm 4 \cdot A^1 \rightarrow$ keine Vereinfachung möglich

Potenzen mit gleichen Exponenten, aber ungleichen Basen können nur dann addiert bzw. subtrahiert werden, wenn sich die Potenzterme zuvor berechnen lassen (Beispiel 1 und 2). Andernfalls kann nicht addiert bzw. subtrahiert werden bzw. ist dies physikalisch gesehen sinnlos (Beispiel 3 und 4).

Multiplikation

Potenzgesetz: $a^m \cdot b^m = (a\,b)^m$ Potenzen mit gleichen Exponenten werden multipliziert, indem man das Produkt der Basen mit dem Exponenten potenziert.

Beispiele:

1. $8 \cdot 3^2 \cdot 4 \cdot 5^2 = 8 \cdot 4 \cdot 3^2 \cdot 5^2 = 32 \cdot (3 \cdot 5)^2 = 32 \cdot 225 = 7200$
2. $i \cdot a^c \cdot j \cdot b^c = (i \cdot j) \cdot (a \cdot b)^c$
3. $8\,V^1 \cdot 4\,A^1 = 32\,(VA)^1 = 32\,W$

Das in Beispiel 3 genannte Produkt aus Spannung und Strom ist sinnvoll. Es stellt eine elektrische Leistung dar. Der Exponent „1" wird in der Praxis nicht geschrieben.

Division

Potenzgesetz: $\dfrac{a^m}{b^m} = \left(\dfrac{a}{b}\right)^m$ Potenzen mit gleichen Exponenten werden dividiert, indem man den Quotienten der Basen mit dem Exponenten potenziert.

Beispiele:

1. $\dfrac{8 \cdot 3^2}{4 \cdot 5^2} = \dfrac{8}{4} \cdot \left(\dfrac{3}{5}\right)^2 = 2 \cdot 0{,}36 = 0{,}72$
2. $\dfrac{i \cdot a^c}{j \cdot b^c} = \dfrac{i}{j} \cdot \left(\dfrac{a}{b}\right)^c$
3. $\dfrac{8 \cdot V^1}{4 \cdot A^1} = 2\,\Omega$

Der in Beispiel 3 genannte Quotient aus Spannung und Strom ist sinnvoll. Er stellt einen OHMschen Widerstand dar (Maßeinheit Ohm Ω). Der Exponent „1" wird in der Praxis nicht geschrieben.

2.4.6.3 Basen gleich und Exponenten gleich

Addition/Subtraktion

Potenzgesetz: $u \cdot a^m \pm v \cdot a^m = (u \pm v) \cdot a^m$ Terme mit Potenzen, die sowohl in der Basis als auch im Exponenten gleich sind, werden unter Anwendung des Distributivgesetztes addiert bzw. subtrahiert.

Beispiele:

1. $8 \cdot 5^2 + 4 \cdot 5^2 = (8 + 4) \cdot 5^2 = 300$
2. $8 \cdot 5^2 - 4 \cdot 5^2 = (8 - 4) \cdot 5^2 = 100$
3. $i \cdot a^b \pm j \cdot a^b = (i \pm j) \cdot a^b$
4. $8\,cm^2 \pm 4\,cm^2 = (8 \pm 4)\,cm^2$

Multiplikation

Bei Potenzen, die sowohl in der Basis als auch im Exponenten gleich sind, kann die Multiplikation entweder nach dem Potenzgesetz für gleiche Basen oder nach dem Potenzgesetz für gleiche Exponenten vorgenommen werden.

Beispiele:

1. $8 \cdot 5^2 \cdot 4 \cdot 5^2 = 32 \cdot 5^{2+2} = 32 \cdot (5 \cdot 5)^2 = 32 \cdot 625 = 20000$

2. $i \cdot a^b \cdot j \cdot a^b = (i \cdot j) \cdot a^{b+b} = (i \cdot j) \cdot (a \cdot a)^b$

3. $8 \, cm^1 \cdot 4 \, cm^1 = 32 \, cm^{1+1} = 32 \, (cm \cdot cm)^1 = 32 \, cm^2$

Division

> Bei Potenzen, die sowohl in der Basis als auch im Exponenten gleich sind, kann die Division entweder nach dem Potenzgesetz für gleiche Basen oder nach dem Potenzgesetz für gleiche Exponenten vorgenommen werden.

Der Quotient von Potenzen mit **gleichen Exponenten** und **gleichen Basen** ist immer **1**.

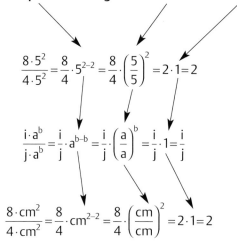

$$\frac{8 \cdot 5^2}{4 \cdot 5^2} = \frac{8}{4} \cdot 5^{2-2} = \frac{8}{4} \cdot \left(\frac{5}{5}\right)^2 = 2 \cdot 1 = 2$$

$$\frac{i \cdot a^b}{j \cdot a^b} = \frac{i}{j} \cdot a^{b-b} = \frac{i}{j} \cdot \left(\frac{a}{a}\right)^b = \frac{i}{j} \cdot 1 = \frac{i}{j}$$

$$\frac{8 \cdot cm^2}{4 \cdot cm^2} = \frac{8}{4} \cdot cm^{2-2} = \frac{8}{4} \cdot \left(\frac{cm}{cm}\right)^2 = 2 \cdot 1 = 2$$

2.4.6.4 Potenzieren einer Potenz

> Potenzgesetz: $\left(a^m\right)^n = a^{m \cdot n}$ Potenzen werden potenziert, indem man die Basis mit dem Produkt der Exponenten potenziert.

Beispiele:

1. $\left(2^2\right)^3 = 2^{2 \cdot 3} = 64$

2. $\left(a^b\right)^c = a^{b \cdot c}$

3. $\left(4cm^2\right)^2 = 4^2 \, cm^{2 \cdot 2} = 16 \, cm^4$

Man beachte den folgenden Unterschied:

$(2^2)^3 = 4^3 = 2^{2 \cdot 3} = 64$ ist nicht identisch mit $2^{2^3} = 2^8 = 256$

Im ersten Fall wird entsprechend dem Potenzgesetz die Potenz 2^2 potenziert, im zweiten Fall jedoch erst der Exponent potenziert und dann die Potenz zur Basis 2 gebildet.

2.4.7 Maßeinheiten umrechnen

Unter dem Gesichtspunkt des Potenzierens einer Potenz kann man sich recht gut das Umrechnen von größeren in kleinere Maßeinheiten (und umgekehrt) der Fläche und des Volumens herleiten. Dies soll an einigen Beispielen gezeigt werden.

Frage	gegebene Maßeinheit durch die gesuchte ausdrücken	Potenzgesetz $(a^n)^m$ auf Wert und Einheit anwenden	Antwort formulieren
$1\,m^2 \rightarrow dm^2$	$1\,m^2 = 1 \cdot (10^1\,dm)^2$	$= 10^{1\cdot2}\,dm^2 = 10^2\,dm^2$	$1\,m^2$ enthält $100\,dm^2$.
$1\,m^2 \rightarrow cm^2$	$1\,m^2 = 1 \cdot (10^2\,cm)^2$	$= 10^{2\cdot2}\,cm^2 = 10^4\,cm^2$	$1\,m^2$ enthält $10\,000\,cm^2$.
$1\,m^2 \rightarrow mm^2$	$1\,m^2 = 1 \cdot (10^3\,mm)^2$	$= 10^{3\cdot2}\,mm^2 = 10^6\,mm^2$	$1\,m^2$ enthält $1\,000\,000\,mm^2$.
$1\,dm^2 \rightarrow m^2$	$1\,dm^2 = 1 \cdot (10^{-1}\,m)^2$	$= 10^{-1\cdot2}\,m^2 = 10^{-2}\,m^2$	$1\,dm^2$ ist 1 Hundertstel von $1\,m^2$.
$1\,cm^2 \rightarrow m^2$	$1\,cm^2 = 1 \cdot (10^{-2}\,m)^2$	$= 10^{-2\cdot2}\,m^2 = 10^{-4}\,m^2$	$1\,cm^2$ ist 1 Zehntausendstel von $1\,m^2$.
$1\,mm^2 \rightarrow m^2$	$1\,mm^2 = 1 \cdot (10^{-3}\,m)^2$	$= 10^{-3\cdot2}\,m^2 = 10^{-6}\,m^2$	$1\,mm^2$ ist 1 Millionstel von $1\,m^2$.
$1\,m^3 \rightarrow dm^3$	$1\,m^3 = 1 \cdot (10^1\,dm)^3$	$= 10^{1\cdot3}\,dm^3 = 10^3\,dm^3$	$1\,m^3$ enthält $1000\,dm^3$.
$1\,m^3 \rightarrow cm^3$	$1\,m^3 = 1 \cdot (10^2\,cm)^3$	$= 10^{2\cdot3}\,cm^3 = 10^6\,cm^3$	$1\,m^3$ enthält $1\,000\,000\,cm^3$.
$1\,m^3 \rightarrow mm^3$	$1\,m^3 = 1 \cdot (10^3\,mm)^3$	$= 10^{3\cdot3}\,mm^3 = 10^9\,mm^3$	$1\,m^3$ enthält $1\,000\,000\,000\,mm^3$.
$1\,dm^3 \rightarrow m^3$	$1\,dm^3 = 1 \cdot (10^{-1}\,m)^3$	$= 10^{-1\cdot3}\,m^3 = 10^{-3}\,m^3$	$1\,dm^3$ ist 1 Tausendstel von $1\,m^3$.
$1\,cm^3 \rightarrow m^3$	$1\,cm^3 = 1 \cdot (10^{-2}\,m)^3$	$= 10^{-2\cdot3}\,m^2 = 10^{-6}\,m^3$	$1\,cm^3$ ist 1 Millionstel von $1\,m^3$.
$1\,mm^3 \rightarrow m^3$	$1\,mm^3 = 1 \cdot (10^{-3}\,m)^3$	$= 10^{-3\cdot3}\,m^3 = 10^{-9}\,m^3$	$1\,mm^3$ ist 1 Milliardstel von $1\,m^3$.

Die hier gezeigte Anwendung des Gesetzes zum Potenzieren einer Potenz führt zu den folgenden Regeln:

Frage		Regel	Beispiel
$1\,m^2 \rightarrow dm^2$	Von einer größeren in die um EINE	Beim gegebenen Zahlenwert w Komma um EIN mal **2** Stellen nach rechts verschieben:	$1\,m^2$ enthält $100\,dm^2$. $2{,}2\,m^2$ enthalten $220\,dm^2$.
$2{,}2\,m^2 \rightarrow dm^2$	Zehnerpotenz kleinere Basiseinheit umrechnen: $m \rightarrow dm$	$1 \rightarrow 100$ bzw. $2{,}2 \rightarrow 220$	
$1\,m^2 \rightarrow cm^2$	Von einer größeren in die um ZWEI	Beim gegebenen Zahlenwert w Komma um ZWEI mal **2** Stellen nach rechts verschieben:	$1\,m^2$ enthält $10\,000\,cm^2$. $2{,}2\,m^2$ enthalten $22\,000\,cm^2$.
$2{,}2\,m^2 \rightarrow cm^2$	Zehnerpotenzen kleinere Basiseinheit umrechnen: $m \rightarrow cm$	$1 \rightarrow 10\,000$ bzw. $2{,}2 \rightarrow 22\,000$	
Verallgemeinerung: Von einer größeren in eine um „z" Zehnerpotenzen kleinere **Flächen**einheit umrechnen:		Beim gegebenen Zahlenwert w Komma um „z" mal **2** Stellen nach rechts verschieben: $w \rightarrow w \cdot 10^{2z}$	
Von einer kleineren in eine um „z" Zehnerpotenzen größere **Flächen**einheit umrechnen:		Beim gegebenen Zahlenwert w Komma um „z" mal **2** Stellen nach links verschieben: $w\,/\,10^{2z} \leftarrow w$	$1\,dm^2$ entspricht $0{,}01\,m^2$. $2{,}2\,dm^2$ entsprechen $0{,}022\,m^2$.
Von einer größeren in eine um „z" Zehnerpotenzen kleinere **Volumen**einheit umrechnen (nur auf Umrechnungen von „Meter"-bezogenen Einheiten, nicht bei Volumeneinheit „Liter" anwenden):		Beim gegebenen Zahlenwert w Komma um „z" mal **3** Stellen nach rechts verschieben: $w \rightarrow w \cdot 10^{3z}$	$1\,m^3$ enthält $1000\,dm^3$. $2{,}2\,m^3$ enthalten $2200\,dm^3$.
Von einer kleineren in eine um „z" Zehnerpotenzen größere **Volumen**einheit umrechnen (nur auf Umrechnungen von „Meter"-bezogenen Einheiten, nicht bei Volumeneinheit „Liter" anwenden):		Beim gegebenen Zahlenwert w Komma um „z" mal **3** Stellen nach links verschieben: $w\,/\,10^{3z} \leftarrow w$	$1\,dm^3$ entspricht $0{,}001\,m^3$. $2{,}2\,dm^3$ entsprechen $0{,}0022\,m^3$.

Abschließend sei noch ein Lösungsweg vorgestellt, der bei Aufgabenstellungen folgender Art angewendet werden kann: Es sind für die gegebenen Wellenlängen aus dem Bereich der Röntgenstrahlung die fehlenden Angaben zu ermitteln.

Wellenlänge	Zahlenwert	Zehnerpotenz	Einheit
0,3 nm	300	?	m
3 pm	3	10^{-6}	? m

Lösungsweg:

0,3 nm = 300 · x · m; Tabellenzeile als Gleichung auffassen, x entspricht der gesuchten Zehnerpotenz.

$$x = \frac{0,3nm}{300m} = \frac{0,3 \cdot 10^{-9}m}{300m} = 0,001 \cdot 10^{-9} = 10^{-3} \cdot 10^{-9} = \underline{\underline{10^{-12}}}$$

3 pm = 3 · 10^{-6} · x · m; Tabellenzeile als Gleichung auffassen, x entspricht dem gesuchten Kurzzeichen.

$$x = \frac{3pm}{3 \cdot 10^{-6}m} = \frac{3 \cdot 10^{-12}m}{3 \cdot 10^{-6}m} = 10^{-12-(-6)} = 10^{-6} \equiv Mikro \rightarrow \underline{\underline{\mu}}$$

2.4.8 Aufgaben zur Potenzrechnung

1. ❃ Vereinfachen Sie die folgenden Terme:

$$\frac{5}{12}i^2j^3k^4 - \frac{2}{3}i^2j^3k^4 - \frac{1}{6}i^2j^3k^4 \qquad \frac{1}{2}ab^3 - \frac{3}{4}ab^3 + \frac{5}{6}ab^3 \qquad 4cm^3 - \left(-9cm^3 + 3cm^3\right)$$

2. ❃ Vereinfachen Sie die folgenden Terme:

$$\frac{a^3}{a^5} \qquad \frac{(a-z)^3}{(a-z)^2} \qquad \frac{100\,cm^3}{20\,cm^2} \qquad \frac{m^{2n}}{m^{2n+1}} \qquad \frac{p^{-(6x-9)}}{p^{-3x+9}}$$

3. ❃ Vereinfachen Sie die folgenden Terme:

$$\left(2a^{-2}\right)^{-2} \qquad \left(-5^{\frac{1}{3}}\right)^6 \qquad \left(t^{e+2}\right)^{0,5} \qquad \left(\frac{i^9}{j^3}\right)^{\frac{1}{3}} \qquad \left(\frac{m^5n^3}{n^3m^6}\right)^{-1}$$

4. Die am Tintenfischnerv gemessenen Ionenmengen können mit Hilfe von radioaktivem ^{24}Na und ^{42}K direkt gemessen werden. Man hat hiermit festgestellt, dass bei einer solchen Nervenfaser pro Nervenimpuls und cm^2 Membranfläche ca. $3,8 \cdot 10^{-12}$ mol Na$^+$-Ionen in die Nervenfaser ein- und $3,2 \cdot 10^{-12}$ mol K$^+$-Ionen austreten. Um wie viel Prozent liegt die Anzahl der durch die Membran einströmenden Na$^+$-Ionen höher als die der Ka$^+$-Ionen?

5. ❃ Die Grenze weicher Röntgenstrahlung liegt in Richtung höherer Frequenzen bei einer Frequenz von $3 \cdot 10^{13}$ MHz. Dies entspricht einer Wellenlänge von 10pm. In Richtung niedrigerer Frequenzen wird als Grenze eine Frequenz von $3 \cdot 10^{10}$ MHz genannt. Berechnen Sie **allein mit Hilfe der gegebenen Werte**, welche Wellenlänge Röntgenstrahlen bei dieser Frequenz aufweisen.

6. In der Nuklearmedizin ist als Maßeinheit für die Aktivität einer radioaktiven Substanz das Bequerel [Bq] vorgeschrieben. Zur früher verwendeten Maßeinheit Curie [Ci] besteht folgender Zusammenhang: 1Ci = 37GBq. In der Diagnostik ist die Maßeinheit MBq, in der Therapie GBq gebräuchlich. Berechnen Sie, wie viel MBq einem Mikrocurie [µCi] und wie viel Curie 100 MBq entsprechen.

7. Bei der Speicheldrüsenszintigraphie werden dem Patienten 80MBq ^{99m}Tc-Pertechnetat zugeführt (zur Untersuchungsmethode vgl. Hermann, 1998). Berechnen Sie, wie vielen Millicurie dies entspricht. Runden Sie Ihr Ergebnis auf eine Stelle nach dem Komma.

8. ❃ In der Computer- und der Kernspintomographie werden Volumenelemente als Voxel bezeichnet. Berechnen Sie das Volumen eines Voxels, wenn diesem eine Fläche von $0,5\ mm^2$ und eine Schichtdicke von 0,1 cm zugrunde liegt. Geben Sie Ihr Ergebnis in mm^3 an.

9. ❃ Die folgende Tabelle enthält den Minimalbedarf des erwachsenen Menschen an einigen essenziellen Aminosäuren in Gramm (Keidel, 1979). Ermitteln Sie unter Beachtung der gegebenen Zehnerpotenzen die in Spalte „Minimalbedarf in µg" fehlenden Zahlenwerte.

Aminosäure	Minimalbedarf in g	Minimalbedarf in µg bei verschiedenen Potenzschreibweisen
Isoleucin	0,70	$\cdot\, 10^3$
Leucin	1,10	$\cdot\, 10^2$
Lysin	0,80	$\cdot\, 10^1$
Theonin	0,50	$\cdot\, 10^0$

10. Für die folgenden Substanzen sind die Molekülradien in nm gegeben (Keidel, 1979). Ermitteln Sie die bei der Potenzschreibweise fehlenden Angaben.

Substanz	Radius in nm	Radius bei verschiedenen Einheiten und Potenzschreibweisen		
Wasser	0,1		$\cdot\, 10^{-9}$	m
Harnstoff	0,16	0,16	$\cdot\, 10^{-6}$	
Myoglobin	1,95	1,95	$\cdot\, 10^{-3}$	
Hämoglobin	3,25	0,00325		µm

11. In der Labormedizin sind für die Mengenangabe von Teilchen die SI-Einheiten Mpt, Gpt und Tpt gebräuchlich. Es bedeuten:

- Mpt = Megapartikel = 10^6 Partikel
- Gpt = Gigapartikel = 10^9 Partikel
- Tpt = Terapartikel = 10^{12} Partikel

Ermitteln Sie mit Hilfe dieser Definitionen die in der folgenden Tabelle gesuchten Werte.

Art der Teilchen	Teilchen/µl	Mpt/l	Gpt/l	Tpt/l
Leukozyten	$8,2 \cdot 10^3$		7,6	
Erythrozyten	$5,0 \cdot 10^6$			5,8
Thrombozyten	$0,46 \cdot 10^6$		300	0,43
Zellzahl im lumbalen Liquor	3,2	2,8		

12. Die kinetische Energie, mit der in einer Röntgenröhre beschleunigte Elektronen auf der Anode auftreffen, kann nach $W = e \cdot U$ berechnet werden. Dabei ist e der Wert der elektrischen Elementarladung und U die Anodenspannung. Unter der vereinfachenden Annahme, dass diese kinetische Energie vollständig in Röntgenbremsstrahlung der Frequenz f umgesetzt wird, gilt für die Röntgenstrahlungskomponente mit der maximal möglichen Energie: $e \cdot U = h \cdot f$ (h = PLANCKsches Wirkungsquantum, f = Frequenz der Röntgenstrahlungskomponente). – Für die bei Hartstrahltechnik verwendete Anodenspannung errechnete ein MTR-Schüler bei einer gegebenen Frequenz von $3,5 \cdot 10^{13}$ MHz einen Wert von 14,5 kV. Bewerten Sie dieses Ergebnis. Begründen Sie Ihre Aussage auf mathematischem Weg.

13. Eine MTL hatte die Aufgabe, mit Hilfe einer NEUBAUER-Zählkammer von einer Blutprobe eines gesunden männlichen Erwachsenen die Erythrozytenzahl pro Liter Blut zu bestimmen. Das in die Zählkammer gefüllte Blut wurde zuvor im Verhältnis 1:200 verdünnt (Verdünnungsfaktor = 200). Die MTL zählte 80 kleine Quadrate, von denen jedes ein Volumen von 1/4000 µl aufweist, aus und erhielt eine Gesamtzahl von 520 Erythrozyten. Zur Berechnung der Erythrozytenzahl pro Liter Blut setzte die MTL obige Angaben in die für eine Kammerzählung allgemein geltende Formel ein:

$$n_E = \frac{\text{Anzahl der ausgezählten Zellen} \cdot \text{Verdünnungsfaktor}}{\text{ausgezähltes Volumen}}$$

a) Als Ergebnis erhielt die MTL 5,2 Billionen Erythrozyten pro Liter Blut. Bewerten Sie dieses Ergebnis auf Richtigkeit. Begründen Sie Ihre Aussage auf mathematischem Weg.

b) Die MTL rechnete den in a) genannten Wert in 5,2 Tpt/l um. Bewerten Sie die Maßeinheit auf Richtigkeit und begründen Sie Ihre Aussage auf mathematischem Weg.

14. Nach DU BOIS kann die Körperoberfläche aus Masse und Körpergröße wie folgt abgeschätzt werden (Keidel, 1979):

$$A(cm^2) = m(kg)^{0,425} \cdot l(cm)^{0,725} \cdot 71,84$$

A = Oberfläche
m = Körpermasse
l = Körpergröße

Man beachte: In obiger Formel ist die Ziel-Maßeinheit cm^2 nicht exakt ableitbar. Deshalb wird in der vorliegenden Aufgabensammlung folgende Schreibweise vereinbart:

$$A = \left(\frac{m}{kg}\right)^{0,425} \cdot \left(\frac{l}{cm}\right)^{0,725} \cdot 71,84\, cm^2$$

Werden Körpermasse und -größe mit ihren Maßeinheiten in die entsprechenden Faktoren eingesetzt, kann man kg bzw. cm kürzen. Ergebnis sind dimensionslose Basen. Die Ziel-Maßeinheit cm^2 stellt der dritte Faktor bereit.
Aufgabe: Berechnen Sie die Körperoberfläche in m^2 für eine 50 kg schwere und 160 cm große Person. Runden Sie Ihr Ergebnis auf Hundertstel genau.

Für die Du-BOIS-Formel gibt es eine weitere mathematische Schreibweise (s. Kap. 2.5, S. 30).

15. Um die im Zuge einer Urinsammlung möglichen Fehler zu vermeiden, werden zur Abschätzung der glomulären Filtrationsrate GFR auch numerische Methoden angewendet. Ein solches Verfahren ist die Berechnung der GFR mit Hilfe der sogenannten MDRD-Formeln. Aus diesem Formelsatz wird im Rahmen dieser Aufgabensammlung folgender Ausdruck betrachtet:

GFR $[ml/min/1,73 m^2] = 170 \cdot SKr^{-0,999} \cdot Alter^{-0,176} \cdot SHS^{-0,170} \cdot SAlb^{+0,318}$
$(\cdot\, 0,762$ bei Frauen$)$
$(\cdot\, 1,180$ bei Farbigen$)$

GFR = geschätzter Wert für die glomuläre Filtrationsrate
SKr = Serum-Kreatinin
SHS = Serum-Harnstoff-Stickstoff
SAlb = Serum-Albumin

Um die GFR berechnen zu können, müssen noch zwei Sachverhalte beachtet werden.

I. Die Werte für SKr, SHS, SAlb liegen in SI-Einheiten vor (s. konventionelle Einheiten in Aufgabe 3, Kap. 2.2.3, S. 11). Da die Faktoren und Exponenten o.g. Formel auf Wertangaben in konventionellen Maßeinheiten „abgestimmt" sind, müssen die Daten für SKr, SHS und SAlb mit folgenden Umrechnungsfaktoren multipliziert werden:

Substanz	Gegebene Maßeinheit	Ziel-Maßeinheit	Umrechnung	Umrechnungs-faktor
SKr	$\dfrac{\mu mol}{l}$	$\dfrac{mg}{dl}$	$1\dfrac{mg}{dl}=88{,}4\cdot1\dfrac{\mu mol}{l}$ $1\dfrac{\mu mol}{l}=\dfrac{1}{88{,}4}\dfrac{mg}{dl}$ $1\dfrac{\mu mol}{l}\approx0{,}01131\dfrac{mg}{dl}$	0,01131
SHS	$\dfrac{mmol}{l}$	$\dfrac{mg}{dl}$	$1\dfrac{mg}{dl}=0{,}357\cdot1\dfrac{mmol}{l}$ $1\dfrac{mmol}{l}=\dfrac{1}{0{,}357}\dfrac{mg}{dl}$ $1\dfrac{mmol}{l}\approx2{,}801\dfrac{mg}{dl}$	2,801
SAlb	$\dfrac{g}{dl}$	$\dfrac{g}{l}$	$1\dfrac{g}{dl}=10\cdot1\dfrac{g}{l}$ $1\dfrac{g}{l}=0{,}1\dfrac{g}{dl}$	0,1

II. In obiger GFR-Formel ist die Ziel-Maßeinheit nicht exakt ableitbar. Deshalb wird für die vorliegende Aufgabensammlung folgende Schreibweise vereinbart:

$$GFR=170\cdot\left(\frac{SKr}{mg/dl}\right)^{-0{,}999}\cdot\left(\frac{Alter}{Jahre}\right)^{-0{,}176}\cdot\left(\frac{SHS}{mg/dl}\right)^{-0{,}170}\cdot\left(\frac{SAlb}{g/dl}\right)^{+0{,}318}\cdot1\frac{ml}{min\cdot1{,}73m^2}$$

$$(\cdot\,0{,}762 \text{ bei Frauen})$$
$$(\cdot\,1{,}180 \text{ bei Farbigen})$$

Werden SKr, SHS, SAlb und das Alter des Patienten mit ihren Maßeinheiten in die entsprechenden Faktoren eingesetzt, kann man mg/dl, g/dl bzw. „Jahre" kürzen. Ergebnis sind dimensionslose Basen. Die Ziel-Maßeinheit stellt der vierte Faktor bereit.

Es seien folgende Daten bekannt: Geschlecht der untersuchten Person = männlich, Hautfarbe = weiß, Alter = 60 Jahre, SKr = 88,4 µmol/l, SHS = 1,785 mmol/l, SAlb = 40 g/l. Ermitteln Sie mit Hilfe o.g. Formel die GFR. Runden Sie Ihr Resultat auf einen ganzzahligen Wert. Bewerten Sie Ihr Ergebnis.

> Welche der Formeln aus dem MDRD-Formelsatz verwendet wird, hängt davon ab, ob bereits eine Einschränkung der Nierenfunktion vorliegt oder nicht. Eine nähere Beleuchtung dieses Kriteriums würde den Rahmen dieser Broschüre sprengen. Es wird deshalb auf entsprechende Fachliteratur verwiesen.
> Zur MDRD-Formel und den Umrechnungen von den SI- in die Ziel-Maßeinheiten vgl. z.B. www.zystenniere.de/gfr/GFR_Rechner_ Formeln.htm.

2.5 Wurzeln

2.5.1 Zum Wurzelbegriff

Das Wurzelziehen, auch Radizieren genannt, ist wohl diejenige Umkehroperation des Potenzierens, welche am geläufigsten oder als einzige bekannt ist. Es gibt eine zweite Umkehroperation, das Logarithmieren. Dieses wird Gegenstand des nächsten Kapitels sein.

Beim Wurzelziehen sucht man diejenige Zahl b, deren n-te Potenz die Zahl a zum Ergebnis hat. Die Verknüpfung von Potenzieren und Wurzelziehen wird durch folgende Definition deutlich:

Die $\sqrt[n]{a}$ ist diejenige nichtnegative reelle Zahl b, für die gilt $b^n = a$ ($a \geq 0$, $n \in N$, $n \geq 1$)

    a = Radikant
    n = Wurzelexponent

Man beachte, dass entsprechend dieser Definition der Radikant a sowie die Zahl b **nichtnegative** reelle Zahlen sind. Negative Radikanten können in den Bereich der komplexen Zahlen führen.

> Komplexe Zahlen sind nicht Gegenstand dieses Arbeitsheftes, negative Radikanten werden in der vorliegenden Schrift also nicht betrachtet.

In der o.g. Definition ist der Wurzelexponent n eine natürliche Zahl größer 0. Die in Umkehrung geltende Potenz besitzt eine **ganzzahlige** Hochzahl. Für Potenzen, deren Exponenten **rational** sind, hat man per Definition festgelegt:

$$a^{\frac{m}{n}} = (\sqrt[n]{a})^m \qquad a > 0, n > 0, a \in P, n \in G, m \in G$$

Diese Definition war bereits in Abschnitt 2.4.1 im Zuge der Erweiterungen des ursprünglichen Potenzbegriffes genannt worden (S. 16). Wurzel- und Potenzschreibweise sind zwei äquivalente Darstellungen ein und desselben Sachverhalts.

Für Potenzen mit rationalen Exponenten gelten die im Kapitel 2.4 Potenzen genannten Regeln (S. 16). Die Regeln zum Rechnen mit Wurzeln sind in den Wurzelgesetzen festgelegt. Sie sind Gegenstand von Tafelwerken und Formelsammlungen und sollen in diesem Arbeitsheft nicht explizit benannt werden.

Es folgen formale und Sachaufgaben, mit denen die Umformung von Potenz- in Wurzelschreibweise geübt und anhand einiger Anwendungen der Einsatz der Wurzelgesetze praktiziert werden soll. Den Abschluss bildet je eine Fragestellung aus der Astronomie bzw. satellitengestützten Telekommunikation. Auch wenn diese Beispiele keinen Bezug zum Berufsfeld einer MTA haben, ist es vielleicht für den einen oder anderen Nutzer des Arbeitsheftes nicht uninteressant.

2.5.2 Aufgaben zum Radizieren

1. Schreiben Sie folgende Potenzen als Wurzel und berechnen Sie diese. Kontrollieren Sie Ihre Ergebnisse mit den Resultaten, die der Taschenrechner bei Eingabe der gegebenen Potenzen liefert. Sind Ergebnisse zu runden, dann auf zwei Stellen nach dem Komma.

$$100^{\frac{1}{2}} \qquad 16^{0,25} \qquad 2^{\frac{2}{5}} \qquad 0,5^{0,5} \qquad 5^{\frac{3}{2}}$$

$$100^{-\frac{1}{2}} \qquad 16^{-0,25} \qquad 2^{-\frac{2}{5}} \qquad 0,5^{-0,5} \qquad 5^{-\frac{3}{2}}$$

2. Schreiben Sie folgende Wurzeln als Potenz und berechnen Sie diese. Kontrollieren Sie Ihre Ergebnisse mit den Resultaten, die der Taschenrechner bei Eingabe der gegebenen Wurzeln liefert.

$$\sqrt[4]{10^8} \qquad \sqrt[6]{0,1^6} \qquad \sqrt[9]{1000^3} \qquad \sqrt[4]{4^0} \qquad \sqrt[2]{16^{\frac{1}{2}}}$$

$$\sqrt[4]{10^{-8}} \qquad \sqrt[6]{0,1^{-6}} \qquad \sqrt[9]{1000^{-3}} \qquad \qquad \sqrt[2]{16^{-\frac{1}{2}}}$$

3. ✸✸ Vereinfachen und berechnen Sie unter Anwendung der Potenz- und Wurzelgesetze.

$$\sqrt{3} \cdot \sqrt{27} \qquad \sqrt[3]{32} \cdot \sqrt[3]{2} \qquad \frac{\sqrt[4]{80}}{\sqrt[4]{5}} \qquad \frac{\sqrt{10}}{\sqrt{1000}} \qquad \frac{\sqrt[n]{2m+1}}{\sqrt[n]{m}}$$

$$\sqrt{81t} + \sqrt{4t} \qquad 5\sqrt{100i^2} - 7\sqrt{49i^2} \qquad \sqrt[3]{8a+16b} \qquad \sqrt{100p+25q} \qquad \sqrt{x^2 - y^2} \cdot \sqrt{\frac{x-y}{x+y}}$$

4. ✸✸ Das vom Brennfleck einer Röntgenröhre ausgehende Strahlenbündel divergiert mit zunehmendem Focus-Objekt-Abstand r. Folge ist eine Verringerung der Dosis D der vom Brennfleck ausgehenden Strahlung.

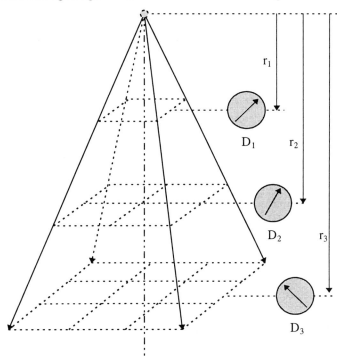

Der mathematische Zusammenhang zwischen Abstand r und Dosis D wird über das Abstandsquadratgesetz beschrieben. Es lautet:

$$\frac{D_1}{D_2} = \frac{r_2^2}{r_1^2}$$

Im Abstand $r_1 = 30\,cm$ betrage die Dosis $90\,mGy$. Im Abstand r_2 betrage die Dosis $10\,mGy$. Berechnen Sie den Abstand r_2.

5. Das Volumen einer als kugelförmig angenommenen Alveole betrage 4 nl. Für dieses Volumen war der Durchmesser zu ermitteln. Eine MTL erhielt als Ergebnis 2 mm. Ist dieses Ergebnis korrekt? Begründen Sie Ihre Antwort durch Rechnung.

6. Wichtige Kenngrößen statistischer Betrachtungen sind die Mittelwerte. Neben dem wohl bekanntesten, dem arithmetischen Mittel (Durchschnitt), hat man u.a. auch das geometrische Mittel definiert (nähere Erläuterungen und konkreter Verwendungszweck der Mittelwerte s. z.B. Weiß, 2002). Für n Ursprungswerte gilt:

$$\overline{x}_G = \sqrt[n]{x_1 \cdot x_2 \cdot \ldots \cdot x_n}$$

Das geometrische Mittel dient insbesondere zur Mittelung von Wachstumsraten. Im Rahmen dieser Aufgabensammlung soll das geometrische Mittel jedoch nicht auf Wachstumsraten, sondern auf das folgende Beispiel angewendet werden.
Für den systolischen Blutdruck eines gesunden Probanden wurden an zehn aufeinanderfolgenden Tagen mit einem elektronischen Blutdruckmessgerät folgende Werte ermittelt.

Tag	1	2	3	4	5	6	7	8	9	10
Blutdruck (mm Hg)	122	125	120	122	123	118	120	118	122	126

Berechnen Sie für o.g. Werte das geometrische Mittel. Runden Sie Ihr Ergebnis auf zwei Stellen nach dem Komma.

7. Eine weitere wichtige Kenngröße der Statistik ist die Standardabweichung s. Sie gibt an, um welchen Betrag die einzelnen Ursprungswerte x_i einer untersuchten Größe vom arithmetischen Mittelwert $\bar{x}$ dieser Größe abweichen (nähere Erläuterungen der Standardabweichung s. z.B. Weiß, 2002). Für n Ursprungswerte gilt:

$$s = \sqrt{\frac{1}{n-1} \sum_{i=1}^{n} \left(x_i - \bar{x}\right)^2}$$

s = Standardabweichung

i = Index (laufende Nr.) des in die Ermittlung der Standardabweichung einbezogenen Ursprungswertes x

n = Anzahl der in die Ermittlung der Standardabweichung einbezogenen Ursprungswerte

$\bar{x}$ = arithmetischer Mittelwert (Durchschnitt) der x_i

$\sum_{i=1}^{n}$ = Summenzeichen. Steht stellvertretend für die Summe aus n Summanden, im hier vorliegenden Fall aus

n Summanden $\left(x_i - \bar{x}\right)^2$. Die herkömmliche Schreibweise sähe so aus:

$$\left(x_1 - \bar{x}\right)^2 + \left(x_2 - \bar{x}\right)^2 + \ldots + \left(x_n - \bar{x}\right)^2$$

Berechnen Sie die Standardabweichung für die in der vorhergehenden Aufgabe genannten Werte (d.h., ermitteln Sie den Betrag, um den der systolische Blutdruck im Mittel von seinem Durchschnittswert nach oben oder nach unten abweicht).

8. Für die DU-BOIS-Formel zur Berechnung der Körperoberfläche wird neben der im Kapitel 2.4, Aufgabe 14, genannten Formel in der Literatur auch ein zweiter Ausdruck verwendet (Pschyrembel, 2002):

$$A = \sqrt{m \cdot l} \cdot 167{,}2$$

A = Körperoberfläche

m = Körpermasse

l = Körpergröße

Man beachte: In obiger Formel ist die Ziel-Maßeinheit cm^2. Diese ist aber nicht exakt ableitbar. Deshalb wird in der vorliegenden Aufgabensammlung folgende Schreibweise vereinbart:

$$A = \sqrt{\frac{m}{kg} \cdot \frac{l}{cm}} \cdot 167{,}2 cm^2$$

Werden Körpermasse und -größe mit ihren Maßeinheiten kg bzw. cm in die entsprechenden Faktoren eingesetzt, kann man sie kürzen. Ergebnis sind dimensionslose Basen. Die Ziel-Maßeinheit cm^2 stellt der Faktor, welcher der Wurzel folgt, bereit.

a) Berechnen Sie die Körperoberfläche in m^2 für eine 50 kg schwere und 160 cm große Person. Runden Sie Ihr Ergebnis auf Zehntel genau.

b) Um wie viel Prozent weicht das Resultat der so berechneten Körperoberfläche von dem in Kapitel 2.4, Aufgabe 14, ermittelten Wert ab?

9. Wegen ihrer elliptischen Bahnen haben die Planeten unseres Sonnensystems zur Sonne hin eine minimale und eine maximale Entfernung. Die *große Halbachse* einer Planetenbahn berechnet sich aus dem Durchschnitt dieser Entfernungen. Nach dem dritten KEPLERschen Gesetz verhalten sich die Quadrate der Umlaufzeiten T_1 und T_2 zweier Planeten wie die dritten Potenzen der großen Halbachsen a_1 und a_2 ihrer Bahnen. Es gilt:

$$\frac{T_1^2}{T_2^2} = \frac{a_1^3}{a_2^3}$$

Für Merkur (Index 1) und Mars (Index 2) sind folgende Werte bekannt: a_1 = 57,9 Millionen km, a_2 = 228 Millionen km, T_2 = 687 Tage. Berechnen Sie die Umlaufzeit des Planeten Merkur. Runden Sie Ihr Ergebnis auf einen ganzzahligen Wert.

10. Für die weltweite drahtlose Telekommunikation werden Satelliten genutzt, die auf erdnahen Umlaufbahnen um unseren Planeten kreisen. Damit ein solcher Satellit auf seiner Umlaufbahn verbleibt, müssen Gravitationskraft (die auf den Satelliten wirkende Erdanziehungskraft) und Fliehkraft (die den Satelliten wegschleudernde Kraft, vgl. Wirkung eines Kettenkarussells) vom Betrag her gleich groß sein. Aus dieser Bedingung kann die Umlaufzeit T eines solchen Satelliten abgeleitet werden. Für T erhält man:

$$T = 2\pi \sqrt{\frac{r^3}{Gm}}$$

T = Umlaufzeit des Satelliten
r = Summe aus Erdradius und Höhe der Umlaufbahn des Satelliten, d. h. Abstand des Satelliten vom Erdmittelpunkt
G = Gravitationskonstante
m = Erdmasse

Ein Telekommunikationssatellit habe eine Umlaufzeit von 1 Std. 45 Min. Berechnen Sie, in welcher Höhe der Satellit die Erde umkreist.

2.6 Logarithmen

Der theoretische Teil dieses Kapitels ist in erster Linie für diejenigen Nutzer bestimmt, die während ihrer Schulzeit nicht mit Logarithmen in Berührung gekommen sind.

2.6.1 Zum Logarithmenbegriff

Neben dem Wurzelziehen ist das Logarithmieren die zweite der beiden möglichen Umkehroperationen des Potenzierens. Seinen Zweck könnte man aus rein mathematischer Sicht so formulieren: Das Logarithmieren ist diejenige Rechenoperation, mit der bei gegebenem Potenzwert b und gegebener Basis a der Exponent c ermittelt werden kann. Man hat definiert:

$\log_a b$ (lies: Logarithmus von b zur Basis a) ist diejenige reelle Zahl c, für die gilt: $a^c = b$

Man nennt a die Basis, b den Logarithmanden (auch Numerus) und c den Logarithmuswert. Basis a und Logarithmand b sind immer positiv, außerdem ist der Logarithmus zur Basis 1 nicht definiert. In mathematischer Notation heißt das: $a > 0,\ a \neq 1,\ b > 0$.

Hier eine Gegenüberstellung der drei „verwandten" Rechenoperationen:

Gegeben	Gesucht	Rechenart	Symbolik
Basis a Exponent c	Potenzwert b	Potenzieren	$a^c = b$
Potenzwert b Exponent c	Basis a	Radizieren	$\sqrt[c]{b} = a$
Basis a Logarithmand, auch Numerus genannt, b	Exponent c	Logarithmieren	$\log_a b = c$

Praktische Ausführung

Frage ist, wie man die Anweisung $\log_a b = c$ praktisch ausführt. Nun, so wie der Taschenrechner für $a^c = b$ und $\sqrt[c]{b} = a$ entsprechende Funktionstasten aufweist, ist $\log_a b = c$ über eine entsprechende Taste aufrufbar. Für Logarithmen zur Basis 10 ist dies die mit „log" oder „lg" bezeichnete Taste.

Eine zweite Möglichkeit besteht im Nutzen von Logarithmentafeln, deren Anwendung noch vor einigen Jahren im Mathematikunterricht geübt wurde, die aber heute aus den meisten Tafelwerken verschwunden sind. In diesem Arbeitsheft wird auf das Ermitteln von Logarithmen über entsprechende Tafeln verzichtet.

Eine dritte Möglichkeit besteht in der geschickten Anwendung der Potenz- und Logarithmengesetze überall dort, wo dies die Aufgabenstellung zulässt und diese Möglichkeit vom Bearbeiter als solche erkannt wird. Die Logarithmengesetze sind im Tafelwerk enthalten.

Die folgende Tabelle zeigt das „Zustandekommen" einiger Logarithmen c für Potenzwerte b der Basis a = 10. Überprüfen Sie die jeweiligen c mit dem Taschenrechner, indem Sie den Wert für b eingeben und dann die zur Ermittlung des Zehnerlogarithmus vorhandene Taste drücken.

b	$\log_{10} b$				c
0,01	$\log_{10} 0,01$	=	$\log_{10} 10^{-2}$	⟶	-2
0,1	$\log_{10} 0,1$	=	$\log_{10} 10^{-1}$	=	-1
1	$\log_{10} 1$	=	$\log_{10} 10^{0}$	=	0
10	$\log_{10} 10$	=	$\log_{10} 10^{1}$	=	+1
100	$\log_{10} 100$	=	$\log_{10} 10^{2}$	=	+2

Nimmt man diese fünf Zahlenpaare (b, c) als Stützstellen für eine grafische Darstellung der Logarithmusfunktion, so erhält man folgenden Kurvenverlauf.

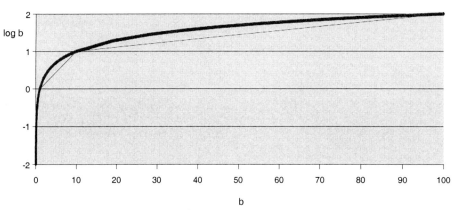

Dünne Kurvensegmente: Verbindung der in der Tabelle genannten Stützstellen durch Geraden. Dicke Kurve: Verlauf für beliebige b. Die ungleichen Abstände zweier benachbarter Zehnerpotenzen (vergleiche 10^{0} bis 10^{1} sowie 10^{1} bis 10^{2}) werden auf gleiche Abstände zwischen den Exponenten dieser Zehnerpotenzen abgebildet. Der Logarithmus von 1 ist 0. Logarithmen für b kleiner 1 sind negativ, Logarithmen für b größer 1 sind positiv.

Eine praktische Anwendung aus der Chemie: pH-Wert

Das Wissen, was sich hinter dem pH-Wert und dessen Definition verbirgt, dürfte insbesondere für MTL nicht uninteressant sein: Der pH-Wert ist ein Maß für die Wasserstoffionenkonzentration chemischer Lösungen. Er ist in der medizinischen Literatur meist in folgender Art definiert (vgl. z. B. Pschyrembel, 2002):

$$pH = -\log_{10} [H^{+}]$$

Vergleiche mit der allg. Schreibweise:

$$c = \log_{10} b$$

H^{+} steht für die Wasserstoffionenkonzentration in der betrachteten Flüssigkeit. Als Maßeinheit von H^{+} sei im Rahmen dieser Aufgabensammlung mol/l angenommen (zur Maßeinheit bei *physiologischen Flüssigkeiten* s. z. B. Silbernagl/Despopoulos, 2003).

Logarithmen, im Beispiel die pH-Werte, sind dimensionslose Zahlen, die aus dimensionslosen Logarithmanden ermittelt werden. Um im Logarithmanden die Maßeinheit mol/l zu eliminieren, wird H^{+} auf mol/l bezogen. Dies führt zu der folgenden, in diesem Arbeitsheft ausschließlich verwendeten Formel (lg steht für log zur Basis 10, s. Abschnitt 2.6.2, S. 33):

$$pH = -\lg\left(\frac{H^{+}}{mol/l}\right)$$

Dies ist gleichbedeutend mit:

$$H^{+} = 10^{-pH}\, mol/l$$

Jedem pH-Wert des für diesen festgelegten Bereiches von 0 bis 14 entspricht eine ganz bestimmte Wasserstoffionenkonzentration. Leiten Sie deren Werte mit Hilfe der vorhergehenden Tabelle ab und tragen Sie Ihr Ergebnis in die folgende Übersicht ein.

pH	0	1	2	3	4	5	6	7	8	9	10	11	12	13	14
$H^+{}_{/mol/l}$															

Der eingangs dieses Kapitels begonnene theoretischen Abriss soll noch einmal aufgegriffen werden. Grund sind einige Bemerkungen zu **Logarithmensystemen**.

2.6.2 Logarithmensysteme

Alle Logarithmen c zu einer bestimmten Basis a bilden das **Logarithmensystem zur Basis a**. Hinsichtlich des vorherigen Beispieles heißt das: Alle Logarithmen c zur Basis 10 bilden das wohl wichtigste **Logarithmensystem zur Basis 10**. Neben Basis 10 sind auch andere Basen und Logarithmensysteme möglich. Wichtig davon sind diejenigen zur Basis 2 bzw. e, der EULERschen Zahl.

Basis 2. Sie spielt überall dort eine Rolle, wo digitale Signale/Daten empfangen, verarbeitet oder gespeichert werden. Dies ist heute auch in Labors und radiologischen Praxen der Fall. Beispiele für die Verarbeitung/Speicherung digitaler Informationsströme sind PACS und RIS.

Basis e. Sie spielt überall dort eine Rolle, wo Wachstums- und Zerfallsprozesse mathematisch beschrieben werden. Beispiele für solche Vorgänge sind: Wachstum von Bakterienkulturen (MTL Mikrobiologie), Schwächung von Röntgenstrahlen (MTR).

Die folgende Tabelle fasst die drei genannten Logarithmensysteme und die für sie speziell festgelegte Notation zusammen.

Basis	10	2	e
Bezeichnung der Logarithmen	dekadische Logarithmen auch: Zehnerlogarithmen, BRIGGSsche Logarithmen	duale Logarithmen auch: binäre Logarithmen	natürliche Logarithmen
Spezielle Notation	lg b	ld b, lb b	ln b

Soweit ein Abriss zur Definition von Logarithmen, ihrer Symbolik und gebräuchlichen Logarithmensystemen. Im Kapitel „Allgemeiner Teil" wurde darauf hingewiesen, dass diese Arbeitsheft kein Lehrbuch ist und nicht dessen theoretische Abhandlungen ersetzt. Deshalb wird zu weiterführenden Aspekten (z.B. Begriffen wie Mantisse, Numerus) und den Rechenregeln, also den Logarithmengesetzen, auf entsprechende Literatur und den Fachschulunterricht verwiesen. Was im theoretischen Teil jedoch noch erörtert werden soll, sind logarithmische Gleichungen und Logarithmusfunktionen.

2.6.3 Logarithmische Gleichungen und Funktionen

Gleichungen, in denen die Unbekannte im Argument eines Logarithmus auftritt, heißen logarithmische Gleichungen.

Zum besseren Verständnis folgt eine Übersicht einiger Gleichungs"arten".

Bezeichnung der Gleichung	Merkmal	Beispiel
lineare Gleichung	Unbekannte x in der ersten Potenz	$5x + 5 = 20$
quadratische Gleichung	Unbekannte x in der zweiten Potenz	$5x^2 + 5x = 10$
Bruchgleichung	Unbekannte x im Nenner	$\frac{5}{x} + 5 = 10$
goniometrische Gleichung	Unbekannte x im Argument einer Winkelfunktion	$\sin x = 0$
logarithmische Gleichung	Unbekannte x im Argument eines Logarithmus	$\log_3 x = 4$ $\lg(3x - 2) = 1$

O. g. Gleichungen nennt man **Bestimmungsgleichungen.** Bestimmt (berechnet) wird die Unbekannte x.

> Ein Hinweis zum Lösen logarithmischer Gleichungen: Dieses Arbeitsheft beschränkt sich auf Gleichungen, bei denen die unabhängige Variable, allgemein das „x", **nur im Logarithmanden b** auftritt. Der Logarithmand kann entweder nur aus x bestehen , also x = b wie z. B. in $\log_3 x = 4$, oder x ist Bestandteil eines komplexeren Logarithmanden, wie z. B. 3x − 2 = b in lg (3x − 2) = 1.
>
> In manchen Fällen können logarithmische Gleichungen unter geschickter Anwendung der Logarithmen- und Potenzgesetze in die Grundform $\log_a b = c$ überführt werden. Deren Lösung erhält man aus der hierzu äquivalenten Gleichung $a^c = b$. Bei logarithmischen Gleichungen, die nicht auf die Grundform zurückgeführt werden können, erhält man die Lösung durch Näherungsverfahren. Diese sind aber nicht Gegenstand der vorliegenden Schrift.

Werden durch eine Gleichung Variable aus einem Definitionsbereich X Variablen eines Wertebereiches Y **zugeordnet**, also der Zusammenhang zwischen zwei Größen beschrieben, dann spricht man von einer **Funktionsgleichung.** Funktionsgleichungen sind eine der möglichen Darstellungsformen von Funktionen. Sind die Argumente der Funktionsgleichung Bestandteil eines Logarithmus, spricht man von einer **Logarithmusfunktion**.

Es folgt eine vergleichende Übersicht verschiedener Funktionen.

Bezeichnung der Funktion	Merkmal	Beispiel
lineare Funktion	Argumente des Definitionsbereiches liegen in der ersten Potenz vor	$y = 5x + 5$
quadratische Funktion	Argumente des Definitionsbereiches liegen in der zweiten Potenz vor	$y = 5x^2 + 5x + 1$
goniometrische Funktion	Argumente des Definitionsbereiches sind Bestandteil eines goniometrischen Terms	$y = \sin x$
Logarithmusfunktion	Argumente des Definitionsbereiches sind Bestandteil eines logarithmisches Terms	$y = \lg(3x - 2)$ $pH = -\lg\left(\dfrac{H^+}{mol/l}\right)$

In diesem Sinne ist die für den pH-Wert vereinbarte Definition eine Logarithmus**funktion**. Einer ganz bestimmten Wasserstoffionenkonzentration wird ein ganz bestimmter pH-Wert **zugeordnet**. Die Regel, nach der diese Zuordnung erfolgt, ist durch die Vorschrift „-lg", also „ermittle den Zehnerlogarithmus der Wasserstoffionenkonzentration und multipliziere diesen mit (−1)", eindeutig genannt.
Die Logarithmusfunktion ist die Umkehrfunktion der Exponentialfunktion. Exponentialfunktionen sind Gegenstand von Kap. 2.7, S. 37.

2.6.4 Aufgaben zum Rechnen mit Logarithmen

1. ⠿ Zehner-, natürliche und binäre Logarithmen: Vereinfachen Sie die folgenden Terme. Wenden Sie hierfür in vorteilhafter Weise Logarithmengesetze und -definitionen sowie Ihr Wissen zu Potenzen an. Nutzen Sie den Taschenrechner nur zur Ergebniskontrolle.

$$\lg 100 \qquad \lg \frac{1}{100000} \qquad \lg \sqrt{100} \qquad \lg \sqrt{\frac{1}{100000}}$$

$$\lg \frac{1}{100} \qquad \lg \sqrt{\frac{1}{100}} \qquad \lg 0{,}01 \qquad \lg 100^{-\frac{1}{2}}$$

$$\ln e \qquad \ln \frac{1}{e} \qquad \ln \sqrt{e} \qquad \ln \sqrt{\frac{1}{e}}$$

$$\operatorname{ld} 2 \qquad \operatorname{ld} 2^{10} \qquad \operatorname{ld} 8 \qquad \operatorname{ld} \frac{1}{16}$$

2. ❖ Logarithmen aus anderen Logarithmensystemen: Vereinfachen Sie – wenn möglich – die folgenden Terme. Wenden Sie hierfür in vorteilhafter Weise Logarithmengesetze und -definitionen sowie Ihr Wissen zu Potenzen an. Nutzen Sie den Taschenrechner nur zur Ergebniskontrolle.

$$\log_3 27 \qquad \log_4 64 \qquad \log_8 \frac{1}{8} \qquad \log_5 0{,}04$$

$$\log_1 9 \qquad \log_9 1 \qquad \log_4 \sqrt{16} \qquad \log_3(-3)$$

3. ❖ Vereinfachen Sie die folgenden Terme. Wenden Sie hierfür in vorteilhafter Weise Logarithmengesetze und -definitionen sowie Ihr Wissen zu Potenzen an. Nutzen Sie den Taschenrechner nur zur Ergebniskontrolle.

$$\log_5 20 - \log_5 4 \qquad \lg 25 + \lg 4 \qquad \ln e^2 - \ln e \qquad \text{ld}\,0{,}8 + \text{ld}\,10$$

$$\log_3 \sqrt{27} - \log_3 \sqrt{3} \qquad \lg 0{,}1 - \lg 0{,}01 \qquad \ln e^2 - 2\ln e \qquad \text{ld}\,20 + \text{ld}\,2{,}4 - \text{ld}\,3$$

4. ❖ Lösen Sie die folgenden logarithmischen Gleichungen.

$$\log_3 x = 5 \qquad \log_4(5x - 4) = 2 \qquad \lg \sqrt{5x} = \frac{1}{2} \qquad \lg x^2 = \lg(2x - 10) + 1$$

$$5\lg x = 10\lg 4 \qquad \text{ld}\,12^x - \text{ld}\,6^x = 1 \qquad \log_5(x + 75) - \log_5(0{,}1x) = 2 \qquad 3 - \log_4(8 - x) = \log_4 \frac{64}{x}$$

5. Für den Gallensaft eines Patienten wurde der pH-Wert bestimmt. Dieser entspricht einer Wasserstoffionenkonzentration von ca. 12,6 nmol/l. Berechnen Sie, welcher pH-Wert ermittelt wurde. Runden Sie Ihr Ergebnis auf eine Stelle nach dem Komma.

6. Unvermischter Magensaft hat einen pH-Wert von 1,0 bis 1,5 (vgl. Pschyrembel, 2002). Berechnen Sie für pH = 1,5 die Wasserstoffionenkonzentration in mmol/l.

7. Da der mögliche Wertebereich des Hormons TSH einige Zehnerpotenzen überstreicht, wird für seine Darstellung eine logarithmisch geteilte Skala verwendet. Für deren Teilung wurde der Zehnerlogarithmus zugrunde gelegt. Der auf dieser Skala für TSH festgelegte Referenzbereich reicht von 0,3 mU/l bis 3,5 mU/l (vgl. Pschyrembel, 2002).

> Referenzbereiche können sich aufgrund neuer medizinischer Erkenntnisse ändern. Für neueste Festlegungen zu einem ganz bestimmten Referenzbereich wird auf die entsprechende Fachliteratur verwiesen.

> Wird nur eine der beiden Skalen eines Koordinatensystems logarithmisch geteilt, spricht man von einer halblogarithmischen Darstellung.

Im Referenzbereich von TSH sollen folgende Wertepaare liegen:

TSH (mU/l)	0,3	0,5	0,6	0,7	1,0	1,3	1,5	2	3,5
Anzahl Stichproben	2	3	5	8	10	8	5	3	2

In einer Skizze sähe das etwa wie folgt aus.

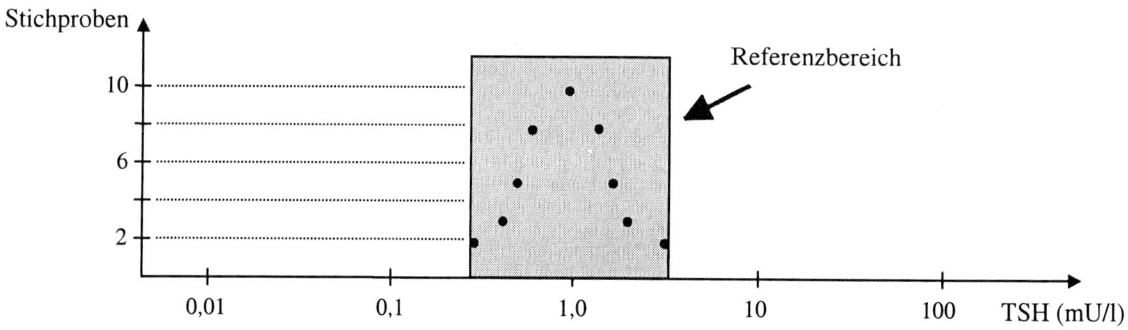

a) Berechnen Sie die für die Unter- und Obergrenze des Referenzbereiches geltenden logarithmischenWerte. Runden Sie Ihre Ergebnisse auf Hundertstel.

b) Stellen Sie die obige halblogarithmische Abbildung einer solchen im linearen Maßstab gegenüber. Zeichnen Sie hierzu in Anlehnung an obige Darstellung den ersten Quadranten eines Koordinatensystems. Empfohlener Maßstab:

- x-Achse: 1cm ↔ 2 Stichproben
- y-Achse: 5cm ↔ 1000 mU/l

c) Tragen Sie die Wertepaare (TSH-Dezimalwert, Stichprobenanzahl) ein. Vergleichen Sie diese Darstellung mit obiger Abbildung.

8. Röntgenfilme werden durch Röntgenstrahlen geschwärzt. Dies geschieht an den Stellen, an denen die in der Emulsionsschicht des Films befindlichen Silberhalogenide zu elementarem Silber reduziert werden. Folge ist, dass die Intensität der vom Film durchgelassenen, also weder absorbierten noch reflektierten Röntgenstrahlung kleiner ist als die der einfallenden Röntgenstrahlung. Als Maß für die Schwärzung S eines Films hat man den der dekadischen Logarithmus des Quotienten aus einfallender zu durchgelassener Intensität definiert:

$$S = \lg \frac{I_0}{I}$$

Berechnen Sie die Schwärzung S, wenn 1 % der einfallenden Strahlungsintensität durchgelassen werden.

> Analog der „Schwärzung“ wird auch der Begriff „Optische Dichte“ verwendet.

9. Die diagnosewichtige Schwärzung (bzw. die diagnosewichtige optische Dichte) einer Röntgenaufnahme liegt zwischen S = 0,5 bis 2,2 (vgl. Laubenberger, 1999). Berechnen Sie für beide Werte, wie viel Prozent der einfallenden Strahlungsintensität durchgelassen werden.

10. Die Erregung von Nervenzellen und die Erregungsleitung basieren auf elektrischen Vorgängen. Diese wiederum haben ihre Ursachen in Ionen-Konzentrationsdifferenzen zwischen dem durch die Zellmembran getrennten Zellinneren (intrazellulär) und dem Zelläußeren (extrazellulär). Für die theoretische Beschreibung der Erregung und Erregungsleitung sind drei Ionenarten wichtig: Na^+, Cl^-, K^+.
Die unterschiedlichen Ionenkonzentrationen führen zu einer über der Zellmembran nachweisbaren elektrischen Potenzialdifferenz. Diese Potenzialdifferenz wird durch die sogenannte NERNST-Gleichung mathematisch beschrieben. Sie lautet für ein positives, einwertiges Ion:

$$U = 58\,\mathrm{mV} \cdot \lg \frac{c_e^+}{c_i^+}$$

Der Wert von 58 mV resultiert aus der Zusammenfassung verschiedener Konstanten und der Annahme von Raumtemperatur. Gegeben seien für K^+ folgende Ionenkonzentrationen: intrazellulär 160 mmol/l, extrazellulär 4,5 mmol/l.

a) Berechnen Sie mittels o. g. Formel das aus den genannten Konzentrationen resultierende Membranpotenzial. Runden Sie Ihr Ergebnis auf Millivolt.

b) Das allein durch die K^+-Diffusion hervorgerufene Ruhepotenzial an einer Nervenzelle beträgt bei Annahme von Raumtemperatur ca. −90 mV. Beurteilen Sie Ihr Ergebnis anhand dieses Wertes.

> Für die in der NERNST-Gleichung enthaltenen Größen findet man in der Literatur verschiedene, aber sachlich gleichwertige Schreibweisen. Bei dem vor dem Logarithmus stehenden Faktor ist zu beachten, dass sein Betrag von der betrachteten Temperatur und der Ionenwertigkeit abhängt.

2.7 Exponentielles Wachstum und exponentielle Abnahme

Der theoretische Teil dieses Kapitels ist in erster Linie für diejenigen Nutzer bestimmt, die während ihrer Schulzeit nicht mit exponentiellen Zusammenhängen in Berührung gekommen sind.

2.7.1 Zur mathematischen Beschreibung exponentieller Zusammenhänge

Wie bereits in Abschnitt 2.6.3 gesagt, ist bei Bestimmungsgleichungen eine Unbekannte zu bestimmen, bei Funktionsgleichungen werden den Werten einer unabhängigen Variablen (eines Arguments) Werte einer abhängigen Variablen zugeordnet.

Um lineare Zusammenhänge mathematisch zu beschreiben, werden lineare Gleichungen verwendet. Merkmal linearer Gleichungen ist, dass die Unbekannte bzw. unabhängige Variable, bei Aufgaben ohne verbalen Bezug meist das „x", nur in der ersten Potenz, also x^1 auftritt. Per Definition wird der Exponent „1" nicht geschrieben.

Um quadratische Sachverhalte zu beschreiben, werden quadratische Gleichungen verwendet. Deren Merkmal ist, dass in den Termen der Gleichung die Unbekannte bzw. unabhängige Variable auf jeden Fall in der zweiten Potenz, also x^2, und eventuell auch in ihrer ersten Potenz, also x, auftritt.

> Steht die Unbekannte bzw. unabhängige Variable x **nicht in der Basis einer Potenz**, so wie dies bei linearen und quadratischen Gleichungen/Funktionen der Fall ist, **sondern im Exponenten**, liegt ein **exponentieller Zusammenhang** vor. Dieser wird mit einer Exponentialgleichung/-funktion beschrieben.

Um dies zu verdeutlichen, folgt eine Gegenüberstellung von linearen, quadratischen und Exponentialgleichungen/-funktionen.

	linear	**quadratisch**	**exponentiell** Unbekannte x im Exponenten
Beispiele für Bestimmungsgleichungen	$0 = 4x - 8$	$0 = x^2 - 4$	$25 = 5^{2x}$
Beispiele für Funktionsgleichungen	$y = 4x - 8$	$y = x^2 - 4$	$y = 5^{2x}$

Wie der Name bereits sagt, sind exponentielles Wachstum und exponentielle Abnahme exponentielle Zusammenhänge. Sie werden mathematisch durch Exponentialfunktionen beschrieben.

Es ist nicht Ziel dieses Arbeitsheftes, die Eigenschaften von Exponentialfunktionen im Detail zu beleuchten. Zu ihrem Definitions- und Wertebereich sowie ihrer grafischen Darstellung wird auf einschlägige Tafelwerke verwiesen. Wichtig scheint aber die Feststellung, dass die Exponential- und die im vorigen Kapitel genannte Logarithmusfunktion Umkehrfunktionen zueinander sind. Dies wird dann deutlich, wenn eine Exponentialfunktion tatsächlich nach der unabhängigen Variable aufgelöst wird, also die im Exponenten stehende Unbekannte ermittelt werden muss.

Vor dem Lösen einer Exponentialgleichung muss diese erst einmal als solche erkannt werden. Im folgenden Abschnitt soll dieses Erkennen an einigen Beispielen gezeigt werden.

2.7.2 Zum Erkennen exponentieller Zusammenhänge

Beispiel 1: Gegenüberstellung von zwei verschiedenen Kapitalentwicklungen

MTL A hat ein Anfangskapital von 1200 Euro in ihren Sparstrumpf gesteckt. Jeden Monat legt sie 10 Euro, also im Zeitraum T = 1 Jahr 120 Euro, dazu. MTL B hat ein Anfangskapital von 1200 Euro bei einem Kreditinstitut für 10 Jahre fest angelegt und erhält, für dieses Beispiel fiktiv angenommen, 10 % Zinsen jährlich. Es ist für beide Fälle die Kapitalentwicklung zu untersuchen und mit einer Funktionsgleichung mathematisch zu beschreiben.

Vereinbarung: In der folgenden Tabelle wird das Kapital K(t), welches nach Ablauf des ersten, zweiten, dritten, ..., i-ten Verzinsungszeitraumes T (also nach der Anlagezeit t = i · T) vorhanden ist, durch die Kürzel K_1, K_2, K_3, ..., K_i gekennzeichnet. Es gilt somit: $K_i = K(t) = K(i \cdot T)$.

MTL A – Schritt 1: Kapitalentwicklung tabellarisch analysieren		
Anlagezeit t		**Euro**
$0 \cdot T$ 0 Jahre	K_0	1200
$1 \cdot T$ 1 Jahr	$K_1 = K_0 + 0{,}1K_0$ $= K_0 + 1 \cdot 0{,}1K_0$	1320
$2 \cdot T$ 2 Jahre	$K_2 = K_1 + 0{,}1K_0$ $= \left(K_0 + 0{,}1K_0\right) + 0{,}1K_0$ $= K_0 + 0{,}1K_0 + 0{,}1K_0$ $= K_0 + 2 \cdot 0{,}1K_0$	1440
$3 \cdot T$ 3 Jahre	$K_3 = K_2 + 0{,}1K_0$ $= \left(K_1 + 0{,}1K_0\right) + 0{,}1K_0$ $= \left(\left(K_0 + 0{,}1K_0\right) + 0{,}1K_0\right) + 0{,}1K_0$ $= K_0 + 0{,}1K_0 + 0{,}1K_0 + 0{,}1K_0$ $= K_0 + 3 \cdot 0{,}1K_0$	1560
... ...	... ...	...

MTL A – Schritt 2: Sachverhalt verallgemeinern → Funktionsgleichung aufstellen	
Anlagezeit t	**Kapital nach einer Anlagezeit** $t = i \cdot T$
$i \cdot T$ $t = i \cdot T$	$K_i = K_{i-1} + 0{,}1K_0$ $K_i = K_0 + 0{,}1K_0 + 0{,}1K_0 + \ldots + 0{,}1K_0$ → $K_i = K_0 + i \cdot 0{,}1K_0$

Stellt man die Gleichung für die Anlagezeit $t = i \cdot T$ nach i um und setzt den daraus resultierenden Quotienten t/T in die erhaltene Funktionsgleichung, also in

$$K_i = K_0 + i \cdot 0{,}1K_0$$

ein, erhält man die **von der Anlagezeit t abhängige** Gleichung

$$K_i = K_0 + \frac{t}{T} \cdot 0{,}1K_0$$

Unter Beachtung obiger Vereinbarung, wonach $K_i = K(t)$ ist, erhält man als Funktionsgleichung für die Kapitalentwicklung in Abhängigkeit von der Anlagezeit:

$$K(t) = K_0 + \frac{t}{T} \cdot 0{,}1K_0$$

Die einzelnen Bestandteile dieses Ausdrucks kann man wie folgt umordnen:

$$K(t) = \frac{0{,}1K_0}{T} \cdot t + K_0$$

Ergebnis ist eine lineare Funktionsgleichung der Form y = mx + n. Es entsprechen einander:

Abhängige Variable	y	K(t)
Unabhängige Variable	x	t
Anstieg	m	$\dfrac{1}{T} \cdot 0{,}1K_0$
Absolutglied	n	K_0

Fazit: Der Kapitalzuwachs von MTL A folgt einer **linearen** Funktion.

> Neben dem für diese Aufgabe angenommenen Verzinsungszeitraum von einem Jahr sind in der Praxis auch andere Verzinsungsperioden, z. B. viertel- oder halbjährlich, möglich. Eine Analyse der Abhängigkeiten von Verzinsungszeitraum und Kapitalentwicklung ist nicht Gegenstand dieses Arbeitsheftes.

Es soll nun die Kapitalentwicklung für MTL B untersucht werden.

Vereinbarung: In der folgenden Tabelle wird das Kapital K(t), welches nach Ablauf des ersten, zweiten, dritten, ..., i-ten Verzinsungszeitraumes T (also nach der Anlagezeit $t = i \cdot T$) vorhanden ist, durch die Kürzel K_1, K_2, K_3, ..., K_i gekennzeichnet. Es gilt somit: $K_i = K(t) = K(i \cdot T)$.

MTL B – Schritt 1: Kapitalentwicklung tabellarisch analysieren				
Anlagezeit t				**Euro**
$0 \cdot T$ 0 Jahre	K_0			1200
$1 \cdot T$ 1 Jahr	$K_1 = K_0 + 0{,}1K_0$	$= 1{,}1K_0$	$= K_0 \cdot 1{,}1$	1320
$2 \cdot T$ 2 Jahre	$K_2 = K_1 + 0{,}1K_1$	$= 1{,}1K_1$ $= 1{,}1(K_0 + 0{,}1K_0)$ $= 1{,}1 \cdot 1{,}1K_0$	$= K_0 \cdot 1{,}1^2$	1440
$3 \cdot T$ 3 Jahre	$K_3 = K_2 + 0{,}1K_2$	$= 1{,}1K_2$ $= 1{,}1(K_1 + 0{,}1K_1)$ $= 1{,}1 \cdot 1{,}1K_1$ $= 1{,}1 \cdot 1{,}1(K_0 + 0{,}1K_0)$ $= 1{,}1 \cdot 1{,}1 \cdot 1{,}1K_0$	$= K_0 \cdot 1{,}1^3$	1560
... ...	...	...	...	...

MTL B – Schritt 2: Sachverhalt verallgemeinern → Funktionsgleichung aufstellen			
Anlagezeit t	**Kapital nach einer Anlagezeit** $t = i \cdot T$		
$i \cdot T$ $t = i \cdot T$	$K_i = K_{i-1} + 0{,}1K_{i-1}$	$K_i = 1{,}1 \cdot 1{,}1 \cdot \ldots \cdot 1{,}1K_0$	→ $K_i = K_0 \cdot 1{,}1^i$

Stellt man die Gleichung für die Anlagezeit $t = i \cdot T$ nach i um und setzt den daraus resultierenden Quotienten t/T in die erhaltene Funktionsgleichung, also in

$$K_i = K_0 \cdot 1{,}1^i$$

ein, erhält man die **von der Anlagezeit t abhängige** Gleichung

$$K_i = K_0 \cdot 1{,}1^{\frac{t}{T}}$$

Unter Beachtung obiger Vereinbarung, wonach $K_i = K(t)$ ist, erhält man als Funktionsgleichung für die Kapitalentwicklung in Abhängigkeit von der Anlagezeit:

$$K(t) = K_0 \cdot 1{,}1^{\frac{t}{T}}$$

Diese Funktionsgleichung hat die Struktur einer Exponentialgleichung der Form $y = C \cdot a^x$. C ist eine Konstante und kennzeichnet den Anfangswert des jeweiligen Sachverhaltes. In obigem Beispiel entspricht der Konstanten C das Anfangskapital $K_0 = 1200$ Euro.

Die Basis a hat den Wert 1,1. Man nennt a den:

- Wachstumsfaktor, wenn a > 1,
- Abnahmefaktor, wenn 0 < a < 1.

> Der Wachstums-/Abnahmefaktor beschreibt den Anteil der zu untersuchenden Größe, **auf** den diese innerhalb eines bestimmten „Beobachtungsintervalls" (Verzinsungszeitraum T, Bleigleichwert D, ...) steigt oder sinkt.

Es entsprechen einander:

Abhängige Variable	y	K(t)
Unabhängige Variable	x	t
Konstante	C	K_0
Wachstumsfaktor	a	1,1

Fazit: Der Kapitalzuwachs von MTL B folgt einer **Exponentialfunktion.**

> **Verwendung des Symbols „a":**
> Man beachte, dass in diesem Arbeitsheft, aber auch anderer Literatur, sowohl für den Wachstumsfaktor als auch für die Zeiteinheit „Jahr" das Kürzel „a" verwendet wird. Ob unter „a" der Wachstumsfaktor oder die Maßeinheit der Zeit zu verstehen ist, sollte in diesem Arbeitsheft über den jeweiligen Sachverhalt eindeutig erkennbar sein.

Beispiel 2: Schwächung von Röntgenstrahlen

Ein angehender MTR hat folgende Aufgabe: Eine Schutzkleidung habe einen Bleigleichwert von D = 0,25 mm. Damit wird eine 80 kV-Nutzstrahlung alle 0,25 mm um 89 % der jeweiligen Anfangsintensität herabgesetzt. Ermitteln Sie für diesen Sachverhalt die Funktionsgleichung, die eine Berechnung der Schwächung für beliebige Bleidicken gestattet.

Vereinbarung: In der folgenden Tabelle werden die Intensitäten I(d), welche man nach Schwächung der Strahlung durch eine, zwei, drei, ..., i „Bleichgleichwertschichten" D (also bei Bleidicke d = i · D) registriert, durch die Kürzel I_1, I_2, I_3, ..., I_i gekennzeichnet. Es gilt somit: I_i = I(d) = I(i · D).

Schritt 1: Schwächungsverlauf tabellarisch analysieren			
Bleidicke d	**Intensität der verbliebenen Nutzstrahlung**		
0 · D 0,00 mm	I_0		
1 · D 0,25 mm	$I_1 = I_0 - 0,89I_0$	$= 0,11 I_0$	$= I_0 \cdot 0,11$
2 · D 0,50 mm	$I_2 = I_1 - 0,89I_1$	$= 0,11 I_1$ $= 0,11(I_0 - 0,89I_0)$ $= 0,11 \cdot 0,11 I_0$	$= I_0 \cdot 0,11^2$
3 · D 0,75 mm	$I_3 = I_2 - 0,89I_2$	$= 0,11 I_2$ $= 0,11(I_1 - 0,89I_1)$ $= 0,11 \cdot 0,11 I_1$ $= 0,11 \cdot 0,11(I_0 - 0,89I_0)$ $= 0,11 \cdot 0,11 \cdot 0,11 I_0$	$= I_0 \cdot 0,11^3$
... ...	...	...	...
Schritt 2: Sachverhalt verallgemeinern Funktionsgleichung aufstellen			
Bleidicke d	**Intensität der verbliebenen Nutzstrahlung**		
i · D d = i · D	$I_i = I_{i-1} - 0,89I_{i-1}$ $I_i = 0,11 \cdot 0,11 \cdot ... \cdot 0,11 I_0$		$\rightarrow$ $I_i = I_0 \cdot 0,11^i$

Stellt man die Gleichung für die Bleidicke d = i · D nach i um und setzt den daraus resultierenden Quotienten d/D in die erhaltene Funktionsgleichung, also in

$$I_i = I_0 \cdot 0,11^i$$

ein, erhält man die **von der Bleidicke d abhängige** Gleichung

$$I_i = I_0 \cdot 0,11^{\frac{d}{D}}$$

Unter Beachtung obiger Vereinbarung, wonach I_i = I(d) ist, erhält man als Funktionsgleichung für die Strahlungsschwächung in Abhängigkeit von der Bleidicke:

$$I(d) = I_0 \cdot 0,11^{\frac{d}{D}}$$

Diese Funktionsgleichung hat die Struktur einer Exponentialgleichung der Form $y = C \cdot a^x$. Die Konstante C kennzeichnet den Anfangswert des vorliegenden Sachverhaltes, also die Anfangsintensität I_0. Die Basis a hat den Wert 0,11. Da a < 1, liegt eine exponentielle Abnahme vor. Es entsprechen einander:

Abhängige Variable	y	I(d)
Unabhängige Variable	x	d
Konstante	C	I_0
Abnahmefaktor	a	0,11

Fazit: Die Schwächung der Nutzstrahlung folgt einer **Exponentialfunktion.**

Mit der Funktionsgleichung

$$I(d) = I_0 \cdot 0,11^{\frac{d}{D}}$$

ist der Zusammenhang von Schichtdicke d und Intensität I mathematisch beschrieben und die dem angehenden MTR eingangs gestellte Aufgabe gelöst.

> Der Exponent nimmt nur im Zuge der obigen Analyse *ganzzahlige* Werte an, und zwar bei Schichtdicken d, die *ganzzahlige* Vielfache des Bleigleichwertes D darstellen. Die Strahlenschwächung ist jedoch ein kontinuierlich ablaufender Prozess und somit der Quotient d/D nicht auf ganzzahlige Werte beschränkt.
> Obige Gleichung enthält mit dem Bleigleichwert D die Größe, auf die sich der durch den Abnahmefaktor a beschriebene Sachverhalt, nämlich die Schwächung einer Strahlung auf 11 % innerhalb D, bezieht.

Die folgende Skizze soll den untersuchten Sachverhalt visuell verdeutlichen.

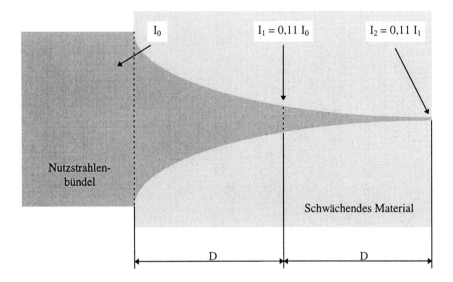

2.7.3 Exponentielle Zusammenhänge und EULERsche Zahl

Im vorangegangenen Abschnitt wurden die Begriffe Wachstums- und Abnahmefaktor erklärt und als gemeinsames Symbol a vereinbart. Bei exponentiellem Wachstum ist a größer als 1, bei exponentieller Abnahme gilt 0 < a < 1.

In der Fachliteratur ist es jedoch üblich, Wachstums- und Zerfallsprozesse nicht unter Verwendung eines Wachstums- bzw. Abnahmefaktors zu beschreiben, sondern durch die EULERsche Zahl e. Eine mathematische Begründung für die Verwendung dieser Zahl würde den Rahmen des vorliegenden Arbeitsheftes sprengen. Um Funktionsgleichungen, die die EULERsche Zahl verwenden, richtig interpretieren zu können, sollte man aber wissen:

- Die EULERsche Zahl e repräsentiert einen **fest definierten** Wert (bei Rundung auf Tausendstel 2,718). Ein Wachstums-/Abnahmefaktor a kann unter Beachtung o. g. Einschränkungen und des konkreten Sachverhaltes **jeden beliebigen** Wert annehmen.
- Die EULERsche Zahl e ist eine **positive** Zahl und sowohl in Funktionsgleichungen exponentieller Wachstums-, als auch Abnahmeprozesse zu finden. Hingegen beschreibt a > 1 ausschließlich Wachstums-, 0 < a < 1 ausschließlich Abnahmeprozesse.
- Ob Wachstum oder Abnahme vorliegt, entscheidet bei Verwendung der EULERschen Zahl e das Vorzeichen ihres Exponenten. Bei positivem Exponenten liegt ein Wachstums-, bei negativem Exponenten ein Abnahmeprozess vor.

2.7.4 Zum Lösen von Exponentialgleichungen

Das Lösen von Exponentialgleichungen soll an der Kapitalentwicklung von MTL B demonstriert werden.

Beispiel 1: Kapitalentwicklung von MTL B

Sachverhalt dieses Beispiels war, dass MTL B bei einem Kreditinstitut ein Anfangskapital von 1200 Euro auf zehn Jahre fest angelegt hatte und dafür jährlich (für dieses Beispiel fiktiv angenommene) 10 % Zinsen erhält.

Mögliche Fragestellungen könnten nun sein:
a) Auf wie viel Euro ist das Kapital von MTL B nach 10 Jahren angewachsen?
b) Nach wie vielen Jahren hat sich das von MTL B fest angelegte Anfangskapital um mindestens 50 % vermehrt?

a) Gegeben:	K_0 = 1200 Euro	Anfangskapital
	a = 1,1	Wachstumsfaktor
	t = 10 a	betrachtete Anlagezeit
	T = 1 a	Verzinsungsperiode (Beobachtungsintervall)
a) Gesucht:	K(10 a)	Kapital nach 10 Jahren fester Verzinsung
a) Lösung:		Aus der Analyse des Sachverhaltes resultierte die Funktionsgleichung $$K(t)=K_0 \cdot 1{,}1^{\frac{t}{T}}$$ Mit K_0, a, t und T sind alle zur Berechnung notwendigen Größen gegeben und es folgt: $$K(10a)=1200\,\text{Euro} \cdot 1{,}1^{\frac{10a}{1a}}$$ $$\approx 1200\,\text{Euro} \cdot 2{,}59$$ $$\approx 3112{,}49\,\text{Euro}$$ Hinweis: Für das Endergebnis wurde statt der Rundung auf 2,59 die volle Taschenrechnergenauigkeit ausgenutzt.
b) Geg.:	K_0 = 1200 Euro	Anfangskapital
	a = 1,1	Wachstumsfaktor
	T = 1 Jahr	Verzinsungsperiode (Beobachtungsintervall)
b) Ges.:	t	Zeit, in welcher sich das fest angelegte Anfangskapital **um** mindestens 50 % vermehrt hat
b) Lsg.:	Ansatz:	Ausgangspunkt ist die Funktionsgleichung $$K(t)=K_0 \cdot 1{,}1^{\frac{t}{T}}$$ Um t ermitteln zu können, müssen vier Größen bekannt sein: K(t), K_0, a und T. K_0, a und T sind explizit gegeben. K(t), nämlich das Kapital **auf** welches das Anfangskapital steigt, jedoch nicht. Man erhält K(t) durch folgende Überlegung: Wenn K_0 um 50 % steigt, dann steigt es auf das 1,5-fache seines Anfangswertes. Es gilt also: $$K(t)=K_0 +0{,}5K_0 =1{,}5K_0 =1800\,\text{Euro}$$ Man kann nun in obige Gleichung die Euro-Beträge einsetzen, aber auch die durch K_0 gegebenen Symbolik verwenden. Es folgt jeweils: $$1800\,\text{Euro}=1200\,\text{Euro} \cdot 1{,}1^{\frac{t}{1a}} \qquad 1{,}5K_0 =K_0 \cdot 1{,}1^{\frac{t}{1a}}$$ Damit gibt es nur noch eine Unbekannte: das gesuchte t. Es wird nun schrittweise nach t aufgelöst:

Lösungsweg:

$$1800\,\text{Euro} = 1200\,\text{Euro} \cdot 1{,}1^{\frac{t}{1a}} \quad | \quad :1200 \qquad\qquad 1{,}5K_0 = K_0 \cdot 1{,}1^{\frac{t}{1a}} \quad | \quad :K_0$$

$$1{,}5 = 1{,}1^{\frac{t}{1a}} \qquad\qquad\qquad\qquad 1{,}5 = 1{,}1^{\frac{t}{1a}}$$

Man erkennt, dass beide Ausgangsgleichungen ein äquivalentes Zwischenergebnis liefern. Zum weiteren Vorgehen:

Allgemein gilt: Eine im Exponenten befindliche Unbekannte kann durch Anwendung des Logarithmengesetzes

$$\log_a b^r = r \cdot \log_a b$$

als Faktor geschrieben werden.

Im betrachteten Beispiel kann man dies auf die rechte Seite der zuletzt erhaltenen Gleichung anwenden. Die Unbekannte t ist Bestandteil des Quotienten t/1a, b entspricht dem Wachstumsfaktor 1,1. Bei der Anwendung des genannten Logarithmengesetzes ist man in der Wahl des Logarithmensystems frei. Das heißt, man kann zu jeder beliebigen Basis logarithmieren. Üblich ist das Logarithmieren zur Basis 10.

<u>Damit aber die gesamte Gleichung eine Gleichung bleibt, muss auch deren linke Seite logarithmiert werden. Es folgt:</u>

$$1{,}5 = 1{,}1^{\frac{t}{1a}} \qquad | \quad \text{beidseits logarithmieren}$$

$$\lg 1{,}5 = \lg 1{,}1^{\frac{t}{1a}} \qquad | \quad \text{auf rechte Seite Logarithmengesetz anwenden}$$

$$\lg 1{,}5 = \frac{t}{1a} \cdot \lg 1{,}1$$

$$\frac{\lg 1{,}5}{\lg 1{,}1} = \frac{t}{1a} \qquad | \quad \text{t isolieren}$$

$$t = \frac{\lg 1{,}5}{\lg 1{,}1} \cdot 1a \qquad | \quad \text{t berechnen}$$

$$t \approx 4{,}25a \rightarrow \underline{\underline{5a}}$$

Man beachte, dass die Zinszahlung **am Ende** des auf ein Jahr festgelegten Verzinsungszeitraumes erfolgt. Folglich kann das erhaltene Ergebnis **nicht ab-, sondern muss aufgerundet** werden.

Antwortsatz: Das von MTL B fest angelegte Anfangskapital ist nach 5 Jahren um mindestens 50 % angewachsen.

Zum Abschluss dieses Beispieles soll noch einmal auf drei Schritte im Lösungsweg b) aufmerksam gemacht werden, die sich für manchen Lernenden als „Hürde" erweisen könnten:

- Erkennen und Formulieren des Ansatzes,
- Erkennen und Anwenden des passenden Logarithmengesetzes,
- richtiges Interpretieren des Ergebnisses (s. Kapitalentwicklung MTL B: Das Ergebnis 4,25 Jahre darf nicht entsprechend den mathematischen Regeln auf 4 Jahre abgerundet werden, da sich zu diesem Zeitpunkt das Kapital noch nicht um mindestens 50 % vermehrt hat.)

Soweit zum Beispiel 1. Konkrete Fragestellungen zum Beispiel 2, für welches oben bereits die Funktionsgleichung aufgestellt wurde, sind neben weiteren Sachverhalten Gegenstand des folgenden Aufgabenteils.

Bei jeder Aufgabe kann das Vorliegen eines exponentiellen Zusammenhanges als *gegeben betrachtet* werden. Eine Analyse wie in den Beispielen 1 und 2, <u>ob</u> denn ein solcher Zusammenhang überhaupt vorliegt, ist nicht notwendig. Aber: Zur Lösung der Aufgaben muss trotzdem eine Funktionsgleichung aufgestellt werden. Deren konkretes Aussehen ist aus dem jeweiligen Aufgabentext abzuleiten.

2.7.5 Aufgaben zu exponentiellen Zusammenhängen

1. Zu obigem Beispiel 2:
   a) Geben Sie die nach einer Bleidicke von 0,35mm verbliebene Restintensität in Anteilen und in Prozent der Anfangsintensität an. Runden Sie die berechneten Anteile auf Hundertstel.
   b) Bei welcher Bleidicke wird die 80kV-Nutzstrahlung um 70% ihrer Anfangsintensität geschwächt? Runden Sie Ihr Ergebnis auf Hundertstel.

> Zu den Aufgaben 2 bis 4:
> Als vereinfachende Annahme bleibe die biologische Halbwertszeit im Rahmen dieser Aufgaben unberücksichtigt.

2. Mit Hilfe des Positronenstrahlers ^{18}F können szintigrafische Untersuchungen des Fettsäure- und Glukosestoffwechsels des Herzmuskels durchgeführt werden (vgl. Herrmann, 1998). ^{18}F ist ein Radioisotop des chemischen Elementes Fluor. Sein Zerfallsprozess verläuft exponentiell, seine physikalische Halbwertszeit beträgt 1,8 Stunden.
   a) Stellen Sie eine Funktionsgleichung auf, die den Zerfall des Radioisotops ^{18}F mathematisch beschreibt.
   b) Geben Sie die nach 8 Stunden verbliebene Restaktivität in Anteilen und in Prozent der Anfangsaktivität an. Runden Sie die berechneten Anteile auf Tausendstel.
   c) Berechnen Sie, nach welcher Zeit die Aktivität **auf** 20 % ihres Anfangswertes abgesunken ist.

3. Für Durchblutungsmessungen des Gehirns kann der Gammastrahler ^{123}J verwendet werden (vgl. Hermann, 1998). ^{123}J ist ein Radioisotop des chemischen Elementes Jod. Sein Zerfallsprozess verläuft exponentiell, seine physikalische Halbwertszeit beträgt 13 Stunden.
   a) Stellen Sie eine Funktionsgleichung auf, die den Zerfall des Radioisotops ^{123}J mathematisch beschreibt.
   b) Geben Sie die nach 8 Stunden verbliebene Restaktivität in Anteilen und in Prozent der Anfangsaktivität an. Runden Sie die berechneten Anteile auf Hundertstel.
   c) Berechnen Sie, nach welcher Zeit die Aktivität **um** 40 % ihres Anfangswertes abgesunken ist.

4. Für Untersuchungen der Nierendurchblutung kann der Gammatrahler ^{99m}Tc eingesetzt werden (vgl. Hermann, 1998). ^{99m}Tc ist ein Radioisotop des chemischen Elementes Technetium. Sein Zerfallsprozess verläuft exponentiell. Nach 12 Stunden können noch 25 % seiner Anfangsaktivität A_0 nachgewiesen werden.
   a) Stellen Sie eine Funktionsgleichung auf, die den Zerfall des Radioisotops ^{99m}Tc mathematisch beschreibt.
   b) Geben Sie die nach 10 Stunden verbliebene Restaktivität in Anteilen und in Prozent der Anfangsaktivität an. Runden Sie die berechneten Anteile auf Tausendstel.
   c) Berechnen Sie die Halbwertszeit von ^{99m}Tc.
   d) Stellen Sie eine zweite Funktionsgleichung auf, welche die in c) ermittelte Halbwertszeit als Beobachtungsintervall T aufweist. Geben Sie nun **mit dieser Funktionsgleichung** die nach 10 Stunden vorhandene Restaktivität in Anteilen und in Prozent der Anfangsaktivität an. Runden Sie die berechneten Anteile auf Hundertstel.
   e) Vergleichen Sie die mit den beiden Funktionsgleichungen erhaltenen Ergebnisse.

5. Die Generationszeit eines Bakteriums ist die Zeit, in der es von seiner Zellreifung bis zur Zellteilung einen Zellzyklus durchläuft. Nach Ablauf der Generationszeit hat sich ein einzelnes Bakterium verdoppelt.
   500 Bakterien der Art Escherichia coli seien auf einem entsprechend vorbereiteten Substrat angezüchtet worden. Als Generationszeit dieses Bakteriums seien 30 min angenommen.
   a) Stellen Sie eine Funktionsgleichung auf, welche die Vermehrung der Bakterien mathematisch beschreibt.
   b) Berechnen Sie, wie viele Bakterien nach 90 min vorhanden sind.
   c) Berechnen Sie, nach welcher Zeit mindestens 10000 Bakterien vorhanden sind. Geben Sie Ihr Ergebnis in der Form „<x> h <y> min" an.

> Die geschilderte Situation ist stark vereinfacht. So ist die hier genannte Generationszeit von Faktoren abhängig, die im Rahmen dieses Arbeitsheftes unberücksichtigt bleiben. Ein solcher Faktor ist die Umgebungstemperatur. Es ist auch zu beachten, dass sich mit zunehmender Zeit solche Vermehrungsbedingungen einstellen, die das in der Aufgabe angenommene exponentielle Wachstum hemmen.
> Für das detaillierte Studium der beim Bakterienwachstum ablaufenden Mechanismen wird auf die entsprechende Fachliteratur verwiesen.

3 Lösungen

3.1 Elementarmathematik

1. Ziel: Üben des Umformens von Gleichungen an einem Beispiel aus der nuklear-medizinischen Diagnostik.

   a)

$$T_{1/2eff} = \frac{T_{1/2biol} \cdot T_{1/2phys}}{T_{1/2biol} + T_{1/2phys}} \qquad \text{Bruch beseitigen}$$

$$T_{1/2eff} \cdot \left(T_{1/2biol} + T_{1/2phys}\right) = T_{1/2biol} \cdot T_{1/2phys}$$

$$T_{1/2eff} \cdot T_{1/2biol} + T_{1/2eff} \cdot T_{1/2phys} = T_{1/2biol} \cdot T_{1/2phys} \qquad \text{Größen ordnen}$$

$$T_{1/2eff} \cdot T_{1/2phys} = T_{1/2biol} \cdot T_{1/2phys} - T_{1/2biol} \cdot T_{1/2eff}$$

$$T_{1/2eff} \cdot T_{1/2phys} = T_{1/2biol} \cdot \left(T_{1/2phys} - T_{1/2eff}\right)$$

$$\underline{\underline{T_{1/2biol} = \frac{T_{1/2phys} \cdot T_{1/2eff}}{T_{1/2phys} - T_{1/2eff}}}}$$

Die unbekannte Größe wurde, der Fragestellung folgend, mit $T_{1/2biol}$ bezeichnet. Genauso gut hätte man statt $T_{1/2biol}$ das allgemein verwendete Symbol „x" verwenden können. In diesem Fall sieht die Lösung wie folgt aus und hilft vielleicht, den Sachverhalt leichter zu erfassen:

$$T_{1/2eff} = \frac{x \cdot T_{1/2phys}}{x + T_{1/2phys}} \qquad \text{Bruch beseitigen}$$

$$T_{1/2eff} \cdot \left(x + T_{1/2phys}\right) = x \cdot T_{1/2phys}$$

$$T_{1/2eff} \cdot x + T_{1/2eff} \cdot T_{1/2phys} = x \cdot T_{1/2phys} \qquad \text{Größen ordnen}$$

$$T_{1/2eff} \cdot T_{1/2phys} = x \cdot T_{1/2phys} - x \cdot T_{1/2eff}$$

$$T_{1/2eff} \cdot T_{1/2phys} = x \cdot \left(T_{1/2phys} - T_{1/2eff}\right)$$

$$\underline{\underline{x = \frac{T_{1/2phys} \cdot T_{1/2eff}}{T_{1/2phys} - T_{1/2eff}}}}$$

   b) Bei dem gegebenen mathematischen Ausdruck handelt es sich um eine Bruchgleichung. Die beiden Darstellungsformen können wie folgt ineinander überführt werden:

$$\frac{1}{T_{1/2eff}} = \frac{1}{T_{1/2phys}} + \frac{1}{T_{1/2biol}} \qquad \text{Rechte Seite: ungleichnamige Brüche zusammenfassen}$$

$$\frac{1}{T_{1/2eff}} = \frac{T_{1/2biol} + T_{1/2phys}}{T_{1/2biol} \cdot T_{1/2phys}} \qquad \text{Kehrwert bilden}$$

$$\underline{\underline{T_{1/2eff} = \frac{T_{1/2biol} \cdot T_{1/2phys}}{T_{1/2biol} + T_{1/2phys}}}}$$

2. Ziel: Üben des Umformens von Gleichungen und Berechnen/Bewerten einer gesuchten Größe an einem Beispiel aus der Computertomographie. Bewerten der Plausibilität eines gegebenen Sachverhaltes und Begründen dieser Bewertung auf mathematischem Weg.

a)

$$CT-Zahl = \frac{0-\mu_w}{\mu_w} \cdot 1000$$

$$CT-Zahl = -\frac{\mu_w}{\mu_w} \cdot 1000$$

$$\underline{\underline{CT-Zahl = (-1000)}}$$

b)

$$CT-Zahl = \frac{\mu_w - \mu_w}{\mu_w} \cdot 1000$$

$$CT-Zahl = \frac{0}{\mu_w} \cdot 1000$$

$$\underline{\underline{CT-Zahl = 0}}$$

c)

$$60 = \frac{\mu_x - \mu_w}{\mu_w} \cdot 1000$$

$$0,06 = \frac{\mu_x}{\mu_w} - 1$$

$$\mu_x = 1,06 \cdot \mu_w$$

$$\underline{\underline{\mu_x \approx 0,20 \text{ cm}^{-1}}}$$

3. Ziel: Üben des Umformens von Gleichungen und Berechnen einer gesuchten Größe am Beispiel eines in der Laboratoriumsmedizin verwendeten Gerätes. Maßeinheiten umrechnen.

a)

$$r = \frac{\lambda}{A_{obj} + A_{kon}}$$

$$r = \frac{\lambda}{A_{obj} + \frac{2}{3}A_{obj}}$$

$$\underline{\underline{r = \frac{3}{5}\frac{\lambda}{A_{obj}}}}$$

b)

$$\underline{\underline{A_{obj} = \frac{3}{5} \cdot \frac{\lambda}{r}}}$$

c)

$$A_{obj} = \frac{3}{5} \cdot \frac{\lambda}{r}$$

$$A_{obj} = \frac{3}{5} \cdot \frac{550nm}{0,25\mu m}$$

$$A_{obj} = \frac{3}{5} \cdot \frac{550nm}{250nm}$$

$$\underline{\underline{A_{obj} = 1,32}}$$

$$A_{kon} = \frac{2}{3}A_{obj}$$

$$\underline{\underline{A_{kon} = 0,88}}$$

4. Ziel: Einen verbal gegebenen Sachverhalt analysieren und hieraus eine lineare Gleichung mit **einer** der Unbekannten aufstellen. Diese Gleichung lösen und die übrigen gesuchten Werte ermitteln. Probe als Kontrollmöglichkeit nutzen.

Geg.:	$V_T = V_N + 150ml$	die durch Trinken aufgenommene Flüssigkeitsmenge		
	$V_N = 2/5\, V_G$	die durch Nahrung aufgenommene Flüssigkeitsmenge		
	$V_O = 1/8\, V_G$	die durch Oxydationswasser aufgenommene Flüssigkeitsmenge		
Ges.:	V_T, V_N, V_O, V_G	die Teilmengen und die gesamte Flüssigkeitszufuhr		
Lsg.:	Ansatz → Gleichungen aufstellen	(1)	$V_T + V_N + V_O = V_G$	
		(2)	$V_T = V_N + 150ml$	
		(3)	$V_N = 0,4\, V_G$	
		(4)	$V_O = 0,125\, V_G$	
	V_T, V_N, V_O durch V_G ausdrücken	(2) in (1) → (1a)	$(V_N + 150ml) + V_N + V_O = V_G$	
		(3) in (1a) → (1b)	$(0,4V_G + 150ml) + 0,4V_G + V_O = V_G$	
		(4) in (1b) → (1c)	$(0,4V_G + 150ml) + 0,4V_G + 0,125V_G = V_G$	
	Gleichung (1c) nach V_G auflösen	(1c)	$0,8V_G + 150ml + 0,125V_G = V_G$	
			$V_G - 0,8V_G - 0,125V_G = 150ml$	
			$V_G (1 - 0,8 - 0,125) = 150ml$	
			$V_G \cdot 0,075 = 150ml$	| : 0,075
			$\underline{V_G = 2000ml}$	
	Daraus folgt	für (4)	$V_O = 0,125\, V_G$	
			$\underline{V_O = 250ml}$	
		für (3)	$V_N = 0,4\, V_G$	
			$\underline{V_N = 800ml}$	
		für (2)	$V_T = V_N + 150ml$	
			$\underline{V_T = 950ml}$	
Probe:			$V_T + V_N + V_O = V_G$	
			$950ml + 800ml + 250ml = 2000ml$	
Antwortsatz:...				

5. Ziel: Einen verbal gegebenen Sachverhalt analysieren und hieraus eine lineare Gleichung mit **einer** der Unbekannten aufstellen. Diese Gleichung lösen und die übrigen gesuchten Werte ermitteln. Probe als Kontrollmöglichkeit nutzen.

Geg.:	G_G = 116000 Euro	Gesamtgewinn			
Ges.:	G_A	Gewinnanteil für Arzt A			
	G_B	Gewinnanteil für Arzt B			
	G_C	Gewinnanteil für Arzt C			
	G_D	Gewinnanteil für Arzt D			
Lsg.:	Ansatz → Gleichungen aufstellen		(1)	$G_A + G_B + G_C + G_D = 116000$	
			(2)	$G_B = 2\,G_C$	
			(3)	$G_A = 1{,}3\,G_C$	
			(4)	$G_D = 1{,}5\,G_C$	
	Gleichungen nach einer der Unbekannten auflösen		(2), (3), (4) in (1) → (1a)	$1{,}3G_C + 2G_C + G_C + 1{,}5G_C = 116000$	
	Gleichung lösen		(1a)	$(1{,}3 + 2 + 1 + 1{,}5)\,G_C = 116000$	$\mid : 5{,}8$
				$\underline{G_C = 20000}$	
	Daraus folgt		für (2)	$\underline{G_B = 2 \cdot 20000 = 40000}$	
			für (3)	$\underline{G_A = 1{,}3 \cdot 20000 = 26000}$	
			für (4)	$\underline{G_D = 1{,}5 \cdot 20000 = 30000}$	
Probe:				$G_A + G_B + G_C + G_D = 116000$	
				$26000 + 40000 + 20000 + 30000 = 116000$, ok	
				Arzt B erhält das Doppelte des Gewinnes von Arzt C, also $2 \cdot 20000 = 40000$	
				Arzt A erhält das 1,3fache des Gewinnes von Arzt C. also $1{,}3 \cdot 20000 = 26000$	
				Arzt D erhält das 1,5fache des Gewinnes von Arzt C, also $1{,}5 \cdot 20000 = 30000$	
Antwortsatz:...					

6. Ziel: Einen verbal gegebenen Sachverhalt analysieren und hieraus eine Bruchgleichung aufstellen. Diese Gleichung lösen und den gesuchten Wert ermitteln. Probe als Kontrollmöglichkeit nutzen.

Geg.:	T_A = 20h	Zeitbedarf MTL A
	T_B = 24h	Zeitbedarf MTL B
	T_C = 24h	Zeitbedarf MTL C
Ges.:	T_G in h	Gemeinsamer Zeitbedarf
Lsg.:	Ansatz → Leistung pro Stunde	MTL A schafft pro h 1/20 des Auftrages
		MTL B schafft pro h 1/24 des Auftrages
		MTL C schafft pro h 1/30 des Auftrages
		MTL A, B, C schaffen pro h gemeinsam $1/T_G$ des Auftrages
	Gleichung aufstellen	$$\frac{1}{20\,\mathrm{h}} + \frac{1}{24\,\mathrm{h}} + \frac{1}{30\,\mathrm{h}} = \frac{1}{T_G}$$
	Gleichung lösen	$$\frac{1}{20\,\mathrm{h}} + \frac{1}{24\,\mathrm{h}} + \frac{1}{30\,\mathrm{h}} = \frac{1}{T_G}$$
		$$\frac{6+5+4}{120\,\mathrm{h}} = \frac{1}{T_G}$$
		$$\underline{\underline{T_G = 8\,\mathrm{h}}}$$
Probe:		$$\frac{1}{20\,\mathrm{h}} + \frac{1}{24\,\mathrm{h}} + \frac{1}{30\,\mathrm{h}} = \frac{1}{8\,\mathrm{h}}$$
Entscheidung treffen:		Beginnen die drei MTL um 08.00 Uhr mit der gemeinsamen Abarbeitung des Auftrages, brauchen Sie hierfür 8 Stunden. Der Auftrag kann somit bis 16.45 Uhr erledigt werden.

7. Ziel: Einen verbal gegebenen Sachverhalt analysieren und hieraus eine Bruchgleichung aufstellen. Diese Gleichung lösen und den gesuchten Wert ermitteln. Probe als Kontrollmöglichkeit nutzen.

Geg.:	$T_1 = 6h$	Zeitbedarf Pumpe 1
	$T_2 = 3h$	Zeitbedarf Pumpe 2
	$T_3 = 2h$	Zeitbedarf Pumpe 3
Ges.:	T_G in h	Gemeinsamer Zeitbedarf
Lsg.:	Ansatz → Leistung pro Stunde	Pumpe 1 schafft pro h 1/6 der abzupumpenden Menge
		Pumpe 2 schafft pro h 1/3 der abzupumpenden Menge
		Pumpe 3 schafft pro h 1/2 der abzupumpenden Menge
		Die Pumpen 1, 2, 3 schaffen pro h gemeinsam $1/T_G$
		der abzupumpenden Menge.
	Gleichung aufstellen	$$\frac{1}{6h} + \frac{1}{3h} + \frac{1}{2h} = \frac{1}{T_G}$$
	Gleichung lösen	$$\frac{1}{6h} + \frac{1}{3h} + \frac{1}{2h} = \frac{1}{T_G}$$ $$\frac{1+2+3}{6h} = \frac{1}{T_G}$$ $$\underline{\underline{T_G = 1h}}$$
Probe:		$$\frac{1}{6h} + \frac{1}{3h} + \frac{1}{2h} = \frac{1}{1h}$$
Antwortsatz:...		

8. Ziel: Einen verbal gegebenen Sachverhalt aus dem Bereich der Blutgruppenserologie analysieren und hieraus eine lineare Gleichung mit **einer** der Unbekannten aufstellen. Diese Gleichung lösen und die übrigen gesuchten Werte ermitteln. Probe als Kontrollmöglichkeit nutzen.

Beim Lösen von Gleichungen führen meist mehrere Wege zum Ziel. Dies wird im folgenden Beispiel an zwei Varianten demonstriert. Das Erkennen des effektivsten Lösungsweges ist eine Frage der Übung und sicher auch vom mathematischen Talent des Lösenden abhängig.

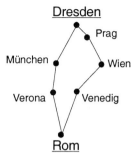

Sie kennen ja sicher das Sprichwort „Es führen mehrere Wege nach Rom"

Geg.:	$G = 100\%$	Gesamtbevölkerung		
Ges.:	H_A, H_B, H_{AB}, H_0	Häufigkeit der Blutgruppen A, B, AB, Null bezogen auf die Gesamtbevölkerung Deutschlands		
Lsg.:	Ansatz → Gleichung aufstellen	(1)	$H_A + H_B + H_{AB} + H_0 = 1$ (1 = 100%)	
	und Nebenbedingungen benennen	(2)	$H_A = 4{,}5H_B$	
		(3)	$H_B = 2H_{AB}$	
		(4)	$H_{AB} = 0{,}125H_0$	
	Weg 1: Lösung über H_0			
	H_A, H_B, H_{AB}, durch H_0	(2) bis (4) in (1) → (1a)	$4{,}5H_B + 2H_{AB} + 0{,}125H_0 + H_0 = 1$	
	ausdrücken	(3) in (1a) → (1b)	$9H_{AB} + 2H_{AB} + 0{,}125H_0 + H_0 = 1$	
		(4) in (1b) → (1c)	$1{,}125H_0 + 0{,}25H_0 + 0{,}125H_0 + H_0 = 1$	
	Gleichung (1c) nach H_0 auflösen	(1c)	$(1{,}125 + 0{,}25 + 0{,}125 + 1)\,H_0 = 1$	
			$2{,}5H_0 = 1$	$\mid : 2{,}5$
			$\underline{H_0 = 0{,}4 = 40\%}$	
	Daraus folgt	mit (4)	$\underline{H_{AB} = 0{,}05 = 5\%}$	
		mit (3)	$\underline{H_B = 0{,}1 = 10\%}$	
		mit (2)	$\underline{H_A = 0{,}45 = 45\%}$	
Probe:			$H_A + H_B + H_{AB} + H_0 = 100\%$	
			$45\% + 10\% + 5\% + 40\% = 100\%$	
Antwortsatz:...				
	Weg 2: Lösung über H_{AB}			
	H_A, H_B, H_0, durch H_{AB} ausdrücken	(4) → (4a)	$H_0 = 8H_{AB}$	
		(3)	$H_B = 2H_{AB}$	
		(2) → (2a)	$H_A = 4{,}5H_B = 4{,}5 \cdot 2H_{AB} = 9H_{AB}$	
		(2a), (3), (4a) in (1) → (1a)	$9H_{AB} + 2H_{AB} + H_{AB} + 8H_{AB} = 1$	
	Gleichung (1a) nach H_{AB} auflösen	(1a)	$(9 + 2 + 1 + 8)\,H_{AB} = 1$	
			$20H_{AB} = 1$	$\mid : 20$
			$\underline{H_{AB} = 0{,}05 = 5\%}$	
	Daraus folgt:	mit (3)	$\underline{H_B = 2H_{AB} = 10\%}$	
		mit (4)	$\underline{H_{AB} = 0{,}125H_0 = 8H_{AB} = 40\%}$	
		mit (2)	$\underline{H_A = 4{,}5H_B = 45\%}$	
Probe:			$H_A + H_B + H_{AB} + H_0 = 100\%$	
			$45\% + 10\% + 5\% + 40\% = 100\%$	
Antwortsatz:...				

9. Ziel: Einen verbal gegebenen Sachverhalt mit Querverweis auf die physikalischen Grundlagen der Belichtung von Röntgenfilmen analysieren und hieraus eine lineare Gleichung mit **einer** der Unbekannten aufstellen. Diese Gleichung lösen und die übrigen gesuchten Werte ermitteln. Probe als Kontrollmöglichkeit nutzen.
Verbindung zur Atomphysik/Atommodelle herstellen. Bei elektrisch neutralem Bromatom: Kernladungszahl = Gesamtzahl der Elektronen = 35.

Geg.:	$n_G = 35$		Gesamtzahl Elektronen eines elektrisch neutralen Bromatoms	
Ges.:	n_K, n_L, n_M, n_N		Anzahl der Elektronen auf den Schalen K, L, M, N	
Lsg.:	Ansatz → Gleichung aufstellen	(1)	$n_K + n_L + n_M + n_N = 35$	
	und Nebenbedingungen benennen	(2)	$n_K = 1/9\, n_M$	
		(3)	$n_L = 4 n_K$	
		(4)	$n_N = n_L - 1$	
	Weg 1: Lösung über n_K			
	n_L, n_M, n_N durch n_K ausdrücken	(2) bis (4) in (1) → (1a)	$1/9\, n_M + 4 n_K + n_M + (n_N - 1) = 35$	
		(3) in (4) → (1b)	$1/9\, n_M + 4 n_K + n_M + (4 n_K - 1) = 35$	
		(2) nach n_M		
		umstellen → (1c)	$n_K + 4 n_K + 9 n_K + (4 n_K - 1) = 35$	
	Gleichung (1c) nach n_K auflösen	(1c)	$n_K + 4 n_K + 9 n_K + (4 n_K - 1) = 35$	
			$18 n_K = 36$	$\mid : 18$
			$\underline{\underline{n_K = 2}}$	
	Daraus folgt:	mit (3)	$\underline{\underline{n_L = 8}}$	
		mit (4)	$\underline{\underline{n_N = 7}}$	
		mit (2)	$\underline{\underline{n_K = 1/9\, n_M}} → n_M = 9 n_K = 18$	
Probe:			$n_K + n_L + n_M + n_N = 35$	
			$2 + 8 + 18 + 7 = 35$	
Antwortsatz:...				
	Weg 2: Lösung über n_L			
	Der Ansatz lautete	(1)	$n_K + n_L + n_M + n_N = 35$	
		(2)	$n_K = 1/9\, n_M$	
		(3)	$n_L = 4 n_K$	
		(4)	$n_N = n_L - 1$	
	$n_K, n_M,$ durch n_L ausdrücken,	(3) umst. → (3a)	$n_K = 1/4\, n_L → n_K = f(n_L)$	
	n_N wird bereits mittels (4)	(2) umst. → (2a)	$n_M = 9 n_K$	
	durch n_L beschrieben	(3a) in (2a) → (2b)	$n_M = 9/4\, n_L → n_M = f(n_L)$	
		(3a), (2b) in (1) → (1a)	$1/4 n_L + n_L + 9/4 n_L + n_L - 1 = 35$	
	Gleichung (1a) nach n_L auflösen	(1a)	$1/4 n_L + n_L + 9/4 n_L + n_L - 1 = 35$	
			$(1/4 + 1 + 9/4 + 1)\, n_L = 36$	
			$9/2\, n_L = 36$	$\mid : 9/2$
			$\underline{\underline{n_L = 8}}$	
	Daraus folgt:	mit (4)	$\underline{\underline{n_N = 7}}$	
		mit (3)	$\underline{\underline{n_K = 2}}$	
		mit (2)	$\underline{\underline{n_M = 18}}$	
Probe:			$n_K + n_L + n_M + n_N = 35$	
			$2 + 8 + 18 + 7 = 35$	
Antwortsatz:...				

10. Ziel: Einen verbal gegebenen Sachverhalt unter Anwendung geometrischer Zusammenhänge analysieren und hieraus eine quadratische Gleichung aufstellen. Unbekannte durch bekannte Größen ersetzen. Gleichung lösen und geforderte Entscheidung treffen. Probe als Kontrollmöglichkeit nutzen.

Geg.:	$A_G = 30\ m^2$	Grundfläche des Raumes	
	$A_F = 10\ m^2$	Für Fenster und Türen veranschlagte Fläche	
Ges.:	A_M	Noch zu malernde Fläche	
Lsg.:	Ansatz → Gleichung aufstellen und Nebenbedingungen benennen		Wandfläche über der langen Seite $A_L = a \cdot h$
			Wandfläche über der kurzen Seite $A_K = b \cdot h$
			Grundfläche = Deckenfläche $A_G = A_D = a \cdot b$
		(1)	$A_M = 2\,A_L + 2\,A_K + A_D - A_F$
		(1a)	$A_M = 2\,(a \cdot h) + 2\,(b \cdot h) + a \cdot b - A_F$
		(2)	$a = 1{,}2b$
		(3)	$h = 0{,}5a = 0{,}5 \cdot 1{,}2b = 0{,}6b$
		(4)	$A_D = a \cdot b = 1{,}2b \cdot b = 1{,}2\,b^2$
	Gleichung unter Anwendung der Nebenbedingungen lösen	(2), (3) in (1a)→ (1b)	$A_M = 2(1{,}2b \cdot 0{,}6b) + 2(b \cdot 0{,}6b) + 1{,}2b \cdot b - A_F$
			$A_M = 1{,}44\,b^2 + 1{,}2\,b^2 + 1{,}2\,b^2 - A_F$
			$A_M = 3{,}84\,b^2 - A_F$
		umstellen→ (4a)	$b^2 = A_D\,/\,1{,}2$
		(4a) in (1b)	$A_M = 3{,}84\,/\,1{,}2 \cdot A_D - A_F$
			$\underline{A_M = 86 m^2 < 100 m^2}$
Probe:			Für die Probe kann mit (4a) b berechnet und daraus über (2) und (3) a und h ermittelt werden: $b = 5m$, $a = 6m$, $h = 3m$. Diese Werte in (1a) eingesetzt, ergeben die berechnete Fläche.
Entscheidung treffen:			Die noch vorhandene Farbe reicht aus. Es ist nicht notwendig, einen weiteren Eimer Farbe zu bezahlen.

3.2 Proportionalität und Dreisatz

1. Ziel: Proportionale und nicht proportionale Zusammenhänge erkennen/begründen.

   a) Ja, direkte Prop., da der Quotient aus den beteiligten Größen W und U immer konstant ist (die Elementarladung e).

   b) Ja, indirekte Prop., da das Produkt aus den beteiligten Größen λ und f im betrachteten Stoff immer konstant ist (die Schallgeschwindigkeit c).

   c) Ja, indirekte Prop., da das Produkt aus den beteiligten Größen p und V immer konstant ist.

   d) Ja, indirekte Prop., da das Produkt aus den beteiligten Größen A und v immer konstant ist.

   e) Nein, weder das Produkt noch der Quotient aus Massezahl und Halbwertszeit sind konstant.

2. Ziel: Indirekte Proportionalität zwischen der Konzentration einer Substanz und dem Volumen, in welchem sich die Substanz verteilt, erkennen. Gleichung nach der gesuchten Größe umstellen. Ergebnis auf Plausibilität prüfen.

Geg:	$c_t = 0{,}3\%$	Konzentration des gespritzten Farbstoffes
	$V_t = 10$ ml	Volumen des gespritzten Farbstoffes
	$c_p = 0{,}001\,\%$	Farbstoffkonzentration in einer venösen Blutprobe
Ges.:	V_p	Blutplasmavolumen
Lsg.:		a) Es liegt eine indirekte Proportionalität vor. Je größer das Volumen, in welches der Farbstoff gespritzt wird, um so mehr Raum steht ihm zur Verteilung zur Verfügung, um so mehr sinkt somit seine Konzentration. $$b)\quad c_t \cdot V_t = c_p \cdot V_p$$ $$V_p = V_t \cdot \frac{c_t}{c_p}$$ $$V_p = 10\,\text{ml} \cdot \frac{0{,}3\%}{0{,}001\%}$$ $$\underline{\underline{V_p = 3000\,\text{ml}}}$$
Antwortsatz:...		
Bewertung Teilaufgabe c)		Das Ergebnis der MTL ist falsch. Begründung: Im Menschen fließen etwa 5,5 Liter Blut. Hiervon entfallen ca. 55 % auf das Blutplasma, was etwa 3 Litern entspricht. Der MTL ist offenbar ein Komma-Fehler unterlaufen.

3. Ziel: Indirekte Proportionalität zwischen der Konzentration einer Substanz und dem Volumen, in welchem sich die Substanz verteilt, erkennen. Gleichung nach der gesuchten Größe umstellen. Ergebnis auf Plausibilität prüfen.

Geg.:	c_f = 1 mg/dl	Kreatinin-Konzentration in dem zu filtrierenden Flüssigkeitsvolumen (über eine Blutentnahme ermittelt)
	V_u = 1000 ml/24 h	In 24 Stunden ausgeschiedenes Urinvolumen
	m_u = 1500 mg	Masseanteil Kreatinin in diesem Urinvolumen
Ges.:	V_f	Zu filtrierende Flüssigkeitsmenge = Kreatinin-Clearance
Lsg.:	Ansatz:	Die in der Formel verwendete Größe c_u, also die Kreatininkonzentration im Urin, ist nicht explizit gegeben. Sie kann wie folgt ermittelt werden: $$c_u = \frac{m_u}{V_u} = \frac{1500 mg}{1000 ml} = 1,5 \frac{mg}{ml} = 150 \frac{mg}{dl}$$ Das zu filtrierende Flüssigkeitsvolumen V_f soll in ml/min angegeben werden. Folglich muss man auch das ausgeschiedene Urinvolumen V_u von seiner Zeitbasis 24 h auf die Zeitbasis Minute beziehen: $$V_u = \frac{1000 ml}{24 h} \qquad | \quad 24h = 1440 min$$ $$V_u = \frac{1000 ml}{1440 min} \approx 0,694 \frac{ml}{min}$$
	a)	Der pro Minute in den Urin abfiltrierte Masseanteil an Kreatinin ist das Produkt aus Kreatininkonzentration im Urin und dem pro Minute ausgeschiedenen Urinvolumen. „Quelle" des abfiltrierten Masseanteils an Kreatinin ist das zu filtrierende Flüssigkeitsvolumen, also das Blut. Da die Kreatininkonzentration in diesem geringer ist als im Urin, muss das zu filtrierende Volumen größer sein. Es liegt also zwischen Kreatininkonzentration und Flüssigkeitsvolumen eine indirekte Proportionalität vor.
	b)	Mit obigem Ansatz sind die beiden nicht explizit gegebenen Größen c_u und V_u bekannt. V_f kann nun berechnet werden: $$c_u \cdot V_u = c_f \cdot V_f$$ $$V_f = V_u \cdot \frac{c_u}{c_f}$$ $$V_f \approx 0,694 \frac{ml}{min} \cdot \frac{150 \frac{mg}{dl}}{1 \frac{mg}{dl}}$$ $$V_f \approx 104 \frac{ml}{min}$$
Antwortsatz:...		
Bewertung Teilaufgabe c)		Die von der MTL ermittelten 1,5 l/min sind falsch. Die Clearance liegt von der Größenordnung her im Bereich um 100 ml/min. Es ist offenbar ein Fehler in der Umrechnung von Maßeinheiten unterlaufen.

4. Ziel: Direkte Proportionalität zwischen Ferritin im Blutserum (Serumferritin) und gespeichertem Eisen pro kg Körpergewicht erkennen. Verhältnisgleichung aufstellen und lösen. Ergebnis auf Plausibilität prüfen.

Geg.:	$c_{fu} = 34\ \mu g/l$	Volumenbezogene Konzentration von Ferritin im Blutserum – untere Grenze des Referenzbereiches
	$c_{fo} = 310\ \mu g/l$	Volumenbezogene Konzentration von Ferritin im Blutserum – obere Grenze des Referenzbereiches
Ges.:	k_{eu}	Massebezogene Konzentration von gespeichertem Eisen pro kg Körpergewicht an der Untergrenze des Referenzbereiches
	k_{eo}	Massebezogene Konzentration von gespeichertem Eisen pro kg Körpergewicht an der Obergrenze des Referenzbereiches
Lsg.:	a)	Es liegt eine direkte Proportionalität vor. Je höher der Serumferritinwert, um so höher der Masseanteil an gespeichertem Eisen.
	b)	Bei direkter Proportionalität liegt zwischen den beteiligten Größen Quotientengleichheit vor. Allgemein gilt:

$$\frac{y_1}{x_1} = \frac{y_2}{x_2}$$

Die Variable y entspreche der Konzentration des im Körper gespeicherten Eisens, die Variable x der Konzentration von Ferritin im Blut.

Eines dieser beiden Verhältnisse ist bereits aus der Aufgabenstellung bekannt, nämlich: „1 µg/l Serumferritin entspricht pro kg Körpergewicht 140 µg gespeichertem Eisen". Für diese beiden Werte sei definiert:

$c_{f^*} = 1\ \mu g/l$
Volumenbezogene Konzentration von Ferritin im Blutserum, der 140 µg gespeichertem Eisen pro kg Körpergewicht entspricht

$k_{e^*} = 140\ \mu g/kg$
Massebezogene Konzentration von Ferritin im Körper, der 1 µg/l Serumferritin entspricht

Damit kann man die gesuchte Unter- bzw. Obergrenze wie folgt berechnen:

$$\frac{k_{e^*}}{c_{f^*}} = \frac{k_{eu}}{c_{fu}}$$

$$k_{eu} = \frac{k_{e^*}}{c_{f^*}} \cdot c_{fu}$$

$$k_{eu} = \frac{140\frac{\mu g}{kg}}{1\frac{\mu g}{l}} \cdot 34\frac{\mu g}{l}$$

$$k_{eu} = 4760\frac{\mu g}{kg}$$

$$\underline{\underline{k_{eu} = 4{,}76\frac{mg}{kg}}}$$

$$\frac{k_{e^*}}{c_{f^*}} = \frac{k_{eo}}{c_{fo}}$$

$$k_{eo} = \frac{k_{e^*}}{c_{f^*}} \cdot c_{fo}$$

$$k_{eo} = \frac{140\frac{\mu g}{kg}}{1\frac{\mu g}{l}} \cdot 310\frac{\mu g}{l}$$

$$k_{eo} = 43400\frac{\mu g}{kg}$$

$$\underline{\underline{k_{eo} = 43{,}40\frac{mg}{kg}}}$$

Antwortsatz:...	
Bewertung Teilaufgabe c)	Das Ergebnis der Laborantin ist mit hoher Wahrscheinlichkeit korrekt. Grund: 1440 mg gespeichertes Eisen entsprechen bei 72 kg Körpermasse 20 mg pro kg. Dieser Wert wiederum entspricht ca. 143 µg/l Serumferritin. Nachweis dieses Ergebnisses (Index „p" steht für Patient):

$$\frac{k_{e^*}}{c_{f^*}} = \frac{k_{ep}}{c_{fp}}$$

$$c_{fp} = \frac{c_{f^*}}{k_{e^*}} \cdot k_{ep}$$

$$c_{fp} = \frac{1\frac{\mu g}{l}}{140\frac{\mu g}{kg}} \cdot 20000\frac{\mu g}{kg}$$

$$\underline{\underline{c_{fp} \approx 143\frac{\mu g}{l}}}$$

Der Serumferritin-Wert liegt somit innerhalb des in der Aufgabenstellung genannten Referenzbereiches.

5. Ziel: Zwei indirekte Proportionalitäten erkennen. Verhältnisgleichung aufstellen und lösen.

1. Worum geht es? 2. Liegt Proportionalität vor, wenn ja…	2 x indirekte Proportionalität zwischen der täglichen Arbeitszeit und der Anzahl MTL sowie der täglichen Arbeitszeit und den verfügbaren Arbeitstagen		
3. 4. Beteiligte Größen und deren Einheiten aufschreiben	Anzahl MTL	Arbeitstage [d]	Arbeitszeit [h]
5. Dreisatzschema anwenden Zeile 1: Bekannte Ausgangswerte notieren	10 ↓	18 ↓	8
Zeile 2: Von Zeile 1 ausgehend auf den Zwischenwert „1" und von diesem auf die Werte in Zeile 3 schließen	1 ↓	1 ↓	·10 ·18 : 6 : 20
Zeile 3: Nach Zeile 1 die Werte mit den weiteren bekannten und der unbekannten Größe notieren	6 ↓	20 ↓	t
6. Verhältnisgleichung herleiten	EINE MTL benötigt bei 18 Arbeitstagen eine tägliche (natürlich nur fiktiv mögliche) Arbeitszeit von $10 \cdot 8h$. 6 MTL benötigen bei 18 Arbeitstagen nur ein Sechstel dieser Zeit, also eine tägliche Arbeitszeit von $10/6 \cdot 8h$. 6 MTL würden an **einem** (natürlich nur fiktiv möglichen) Arbeitstag $18 \cdot 10/6 \cdot 8h$ benötigen. 6 MTL benötigen an 20 Arbeitstagen nur ein Zwanzigstel dieser Zeit, also $18/20 \cdot 10/6 \cdot 8h$.		
7. Verhältnisgleichung aufstellen und Unbekannte berechnen	$$t = 8h \cdot \frac{10}{6} \cdot \frac{18d}{20d} = 12h$$		
8. Antwortsatz aufschreiben	6 MTL würden für …		

Die mit zwei Werten gegebenen Größen, also die Anzahl der MTL und die Arbeitstage, wurden in Zeile 2 auf den Wert „1" bezogen. Man könnte statt dessen in Zeile 2 auch die Zahl benennen, die für die in Zeile 1 **und** Zeile 3 stehenden Werte größter gemeinsamer Teiler ist. Für die Anzahl der MTL wäre das die Zahl 2, für die Arbeitstage ebenso.

6. Ziel: Zwei direkte Proportionalitäten erkennen. Verhältnisgleichung aufstellen und lösen.

1. Um was geht es? 2. Liegt Proportionalität vor, wenn ja...	2 x direkte Proportionalität zwischen Serummenge und Anzahl Patienten sowie Serummenge und Liegezeit				
3. 4. Beteiligte Größen und deren Einheiten aufschreiben	Anzahl Patienten	Liegezeit [d]	Serummenge [ml]		
5. Dreisatzschema anwenden Zeile 1: Bekannte Ausgangswerte notieren	20	5	500		
Zeile 2: Von Zeile 1 ausgehend auf den Zwischenwert „1" und von diesem auf die Werte in Zeile 3 schließen	1	1	: 20 · 25	: 5 · 4	
Zeile 3: Nach Zeile 1 die Werte mit den weiteren bekannten und der unbekannten Größe notieren	25	4	V		
6. Verhältnisgleichung herleiten	Ein Patient benötigt bei 5 Liegetagen nur ein Zwanzigstel der Serummenge von 500 ml, also $1/20 \cdot 500$ ml. 25 Patienten benötigen bei 5 Liegetagen 25mal soviel Serum, also $25/20 \cdot 500$ ml. 25 Patienten würden bei einer Liegezeit von einem Tag nur ein Fünftel dieser Serummenge brauchen, also $1/5 \cdot 25/20 \cdot 500$ ml. 25 Patienten benötigen an 4 Liefertagen 4mal soviel Serum also $4/5 \cdot 25/20 \cdot 500$ ml.				
7. Verhältnisgleichung aufstellen und Unbekannte berechnen	$$V = 500\text{ml} \cdot \frac{25}{20} \cdot \frac{4\text{d}}{5\text{d}} = \underline{\underline{500\text{ml}}}$$				
8. Antwortsatz aufschreiben	Für 25 Patienten würden ...				

Die mit zwei Werten gegebenen Größen, also die Anzahl der Patienten und die Liegezeit, wurden in Zeile 2 auf den Wert „1" bezogen. Man könnte statt dessen in Zeile 2 auch die Zahl benennen, die für die in Zeile 1 <u>und</u> Zeile 3 stehenden Werte größter gemeinsamer Teiler ist. Für die Anzahl der Patienten wäre das die Zahl 5, bei der Liegezeit bleibt die Zahl 1 größter gemeinsamer Teiler.

7. Ziel: Indirekte Proportionalität zwischen Ionendosis und Fläche erkennen. Gleichung nach der gesuchten Größe umstellen.

Geg.:	$A_1 = 25\ cm^2$	Brennflecknahe Fläche
	$J_1 = 40\ mGy$	Brennflecknah gemessene Ionendosis
	$A_2 = 100\ cm^2$	Brennfleckferne Fläche
Ges.:	J_2	Brennfleckfern gemessene Ionendosis
Lsg.:	a)	Es liegt eine indirekte Proportionalität vor. Je größer die bestrahlte Fläche, um so kleiner die bezüglich dieser Fläche gemessene Dosis.
	b)	$$J_1 \cdot A_1 = J_2 \cdot A_2$$ $$J_2 = J_1 \cdot \frac{A_1}{A_2}$$ $$J_2 = 40\text{mGy} \cdot \frac{25\text{cm}^2}{100\text{cm}^2}$$ $$\underline{\underline{J_2 = 10\text{mGy}}}$$
Antwortsatz:...		

8. Ziel: Indirekte Proportionalität zwischen absoluter Brechzahl und Sinus des Ein- bzw. Ausfallswinkels erkennen. Gleichung nach der gesuchten Größe umstellen.

Geg.:	$n_L = 1$	Brechzahl von Luft
	$\alpha_L = 30°$	Einfallswinkel
	$n_G = 1,5$	Brechzahl von Glas
Ges.:	α_G	Ausfallswinkel
Lsg.:	a)	Es liegt eine indirekte Proportionalität vor. Je größer die Brechzahl eines Mediums, um so kleiner der zwischen Einfallslot und Lichtstrahl gemessene Winkel.
	b)	$$n_L \cdot \sin\alpha_L = n_G \cdot \sin\alpha_G$$ $$\sin\alpha_G = \frac{n_L}{n_G} \cdot \sin\alpha_L$$ $$\sin\alpha_G = \frac{1}{1,5} \cdot 0,5$$ $$\sin\alpha_G = 0,\overline{3}$$ $$\underline{\underline{\alpha_G \approx 19,47°}}$$
Antwortsatz:...		

9. Ziel: Indirekte Proportionalität zwischen Wellenlänge und Frequenz erkennen. Gleichung nach der gesuchten Größe umstellen.

Geg.:	λ_h	Wellenlänge einer harten Röntgenstrahlung
	f_h	Frequenz einer harten Röntgenstrahlung
	λ_w	Wellenlänge einer weichen Röntgenstrahlung
Ges.:	f_w	Frequenz einer weichen Röntgenstrahlung
Lsg.:	a)	Es liegt eine indirekte Proportionalität vor. Je größer die Frequenz einer sich in einem homogenen Medium ausbreitenden elektromagnetischen Schwingung, um so kleiner ist ihre Wellenlänge.
	b)	$$\lambda_h \cdot f_h = \lambda_w \cdot f_w$$ $$\underline{\underline{f_w = \frac{\lambda_h}{\lambda_w} f_h}}$$
Antwortsatz:...		

Das Augenmerk bei dieser Aufgabe liegt im Erkennen der indirekten Proportionalität. Natürlich kann man bei gegebenem λ_h und gegebenem f_h mit Hilfe von $c = \lambda_h \cdot f_h$ auch auf die Ausbreitungsgeschwindigkeit c schließen und mit dieser über $f_w = c / \lambda_w$ die gesuchte Größe berechnen.

3.3 Prozentrechnung

1. Ziel: Richtige Zuordnung der gegebenen und gesuchten Werte zu Prozentsatz, Grund- und Prozentwert treffen. Verhältnisgleichung aufstellen und lösen.

Geg.:	$G = 8,2$ mmol/l	c_A Kaliumgehalt im Magensaft des Patienten A
	$W = 10,66$ mmol/l	c_B Kaliumgehalt im Magensaft des Patienten B
Ges.:	Δp	Prozentsatz, **um** den c_B den Wert für c_A übersteigt

Lsg.:

Lösungsweg 1:

$$\frac{p}{100\%} = \frac{W}{G}$$

$$p = \frac{W}{G} \cdot 100\%$$

$$p = \frac{10,66\,\text{mmol/l}}{8,2\,\text{mmol/l}} \cdot 100\%$$

$$p = 130\%$$

$$\Delta p = p - 100\%$$

$$\underline{\underline{\Delta p = 30\%}}$$

Lösungsweg 2:

$$\frac{\Delta p}{100\%} = \frac{W - G}{G}$$

$$\Delta p = \frac{W - G}{G} \cdot 100\%$$

$$\Delta p = \frac{2,46\,\text{mmol/l}}{8,2\,\text{mmol/l}} \cdot 100\%$$

$$\underline{\underline{\Delta p = 30\%}}$$

Antwortsatz:...

2. Ziel: Richtige Zuordnung der gegebenen und gesuchten Werte zu Prozentsatz, Grund- und Prozentwert treffen. Verhältnisgleichung aufstellen und lösen. Ergebnis runden.

Geg.:	$G = 22,4$ J/(kg · s)	Energieumsatz beim Handball
	$W = 12,4$ J/(kg · s)	Energieumsatz beim Schwimmen
Ges.:	Δp	Prozentsatz, **um** den der Energieumsatz beim Schwimmen niedriger ist als der beim Handball

Lsg.:

Lösungsweg 1:

$$\frac{p}{100\%} = \frac{W}{G}$$

$$p = \frac{W}{G} \cdot 100\%$$

$$p = \frac{12,4\,\text{J/(kg·s)}}{22,4\,\text{J/(kg·s)}} \cdot 100\%$$

$$p \approx 55\%$$

$$\Delta p = p - 100\%$$

$$\underline{\underline{\Delta p \approx -45\%}}$$

Lösungsweg 2:

$$\frac{\Delta p}{100\%} = \frac{W - G}{G}$$

$$\Delta p = \frac{W - G}{G} \cdot 100\%$$

$$\Delta p = \left(-\frac{10\,\text{J/(kg·s)}}{22,4\,\text{J/(kg·s)}} \right) \cdot 100\%$$

$$\underline{\underline{\Delta p \approx -45\%}}$$

Zur Interpretation des negativen Vorzeichens:

Der gesuchte Prozentsatz liegt **um** 45 % **niedriger als der Grundwert**. Dieser Wert ist der **Bezugswert** obiger Betrachtung. Man könnte ihn mit dem Nullpunkt der °C-Skala vergleichen. Man beachte, dass ein Wert von 0 °C mit Blick auf die für absolute Temperaturen geltende Kelvin-Skala nicht mit 0 % gleichgesetzt werden darf.

Antwortsatz:...

3. Ziel: Richtige Zuordnung der gegebenen und gesuchten Werte zu Prozentsatz, Grund- und Prozentwert treffen. Verhältnisgleichung aufstellen und lösen. Ergebnis runden.

Geg.:	$G = 2{,}3 \text{ l/min}$ $\Delta p = 43{,}8\,\%$	Max. O_2-Aufnahme einer untrainierten weibl. Person Prozentsatz, um den die max. O_2-Aufnahme einer trainierten die einer untrainierten weiblichen Person übersteigt
Ges.:	W	Max. O_2-Aufnahme einer trainierten weibl. Person
Lsg.:	**Lösungsweg 1:** $$\frac{\Delta p}{100\%} = \frac{W - G}{G}$$ $$\frac{\Delta p}{100\%} = \frac{W}{G} - 1$$ $$W = \left(\frac{\Delta p}{100\%} + 1 \right) \cdot G$$ $$W = \left(\frac{43{,}8\%}{100\%} + 1 \right) \cdot 2{,}3\,\text{l/min}$$ $$\underline{\underline{W \approx 3{,}3\,\text{l/min}}}$$	**Lösungsweg 2:** $$\frac{100\% + \Delta p}{100\%} = \frac{W}{G}$$ $$W = \frac{100\% + \Delta p}{100\%} \cdot G$$ $$W = \frac{143{,}8\%}{100\%} \cdot 2{,}3\,\text{l/min}$$ $$\underline{\underline{W \approx 3{,}3\,\text{l/min}}}$$
Antwortsatz:...		

4. Ziel: Richtige Zuordnung der gegebenen und gesuchten Werte zu Prozentsatz, Grund- und Prozentwert treffen. Verhältnisgleichung aufstellen und lösen.

a) Geg.:	G = 5 l/min	HMV in Ruhe
	Δp = 35%	Prozentsatz, **um** den das HMV bezüglich seines Ruhewertes steigt
a) Ges.:	W	HMV nach Erhöhung um 35% seines Ruhewertes
a) Lsg..:	**Lösungsweg 1:**	**Lösungsweg 2:**

$$\frac{\Delta p}{100\%} = \frac{W-G}{G}$$

$$\frac{W}{G} = \frac{\Delta p}{100\%} + 1$$

$$W = \left(\frac{\Delta p}{100\%} + 1\right) \cdot G$$

$$W = \left(\frac{35\%}{100\%} + 1\right) \cdot 5\,l/min$$

$$\underline{\underline{W = 6{,}75\,l/min}}$$

$$\frac{100\% + \Delta p}{100\%} = \frac{W}{G}$$

$$W = \frac{100\% + \Delta p}{100\%} \cdot G$$

$$W = \frac{135\%}{100\%} \cdot 5\,l/min$$

$$\underline{\underline{W = 6{,}75\,l/min}}$$

b) Geg.:	G = 5 l/min	HMV in Ruhe
	W = 30 l/min	HMV bei schwerster körperlicher Arbeit
b) Ges.:	Δp	Prozentsatz, **um** den sich das HMV gegenüber seinem Ruhewert
		bei schwerster körperlicher Arbeit erhöht hat
b) Lsg..:	**Lösungsweg 1:**	**Lösungsweg 2:**

$$\frac{p}{100\%} = \frac{W}{G}$$

$$p = \frac{W}{G} \cdot 100\%$$

$$p = \frac{30\,l/min}{5\,l/min} \cdot 100\%$$

$$p = 600\%$$

$$\Delta p = p - 100\%$$

$$\Delta p = 600\% - 100\%$$

$$\underline{\underline{\Delta p = 500\%}}$$

$$\frac{\Delta p}{100\%} = \frac{W-G}{G}$$

$$\Delta p = \frac{W-G}{G} \cdot 100\%$$

$$\Delta p = \frac{25\,l/min}{5\,l/min} \cdot 100\%$$

$$\underline{\underline{\Delta p = 500\%}}$$

Antwortsatz:...

5. Ziel: Richtige Zuordnung der gegebenen und gesuchten Werte zu Prozentsatz, Grund- und Prozentwert treffen. Verhältnisgleichung aufstellen und lösen. Ergebnis runden.

a) Geg.:	$m = 70\,kg$	Angenommene Körpermasse
	$p = 8\,\%$	Anteiliges Blutvolumen in Prozent
a) Ges.:	W	Blutmasse im Körper eines 70 kg schweren Menschen.
		Unter Berücksichtigung der in der Aufgabenstellung gemachten Annahme
		soll dieser Wert dem Blutvolumen in Litern entsprechen.
a) Lsg.:		$$\frac{p}{100\,\%} = \frac{W}{G}$$ $$W = \frac{p}{100\,\%} \cdot G$$ $$W = \frac{8\,\%}{100\,\%} \cdot 70\,kg$$ $$W = 5{,}6\,kg \quad \rightarrow \quad 5{,}6\,l$$ Unter Berücksichtigung der in der Aufgabenstellung gemachten Annahme entspricht dieses Ergebnis 5,6 Litern Blut.
b) Geg.:	$G = 5{,}6\,l$	Blutvolumen vor der Blutspende
	$W - G = -0{,}5\,l$	Gespendetes (vom Grundwert abgezogenes) Blutvolumen
b) Ges.:	p	Prozentsatz, **auf** den das Blutvolumen nach der Blutspende abgesunken ist
b) Lsg.:	Ansatz:	$$W - G = -0{,}5\,l$$ $$W = G - 0{,}5\,l$$
	Lösungsweg:	$$\frac{p}{100\,\%} = \frac{W}{G}$$ $$p = \frac{G - 0{,}5\,l}{G} \cdot 100\,\%$$ $$p = \frac{5{,}1\,l}{5{,}6\,l} \cdot 100\,\%$$ $$\underline{\underline{p \approx 91\,\%}}$$
Antwortsatz:...		

6. Ziel: Richtige Zuordnung der gegebenen und gesuchten Werte zu Prozentsatz, Grund- und Prozentwert treffen. Verhältnisgleichung aufstellen und lösen.

Geg.:	$G = 160\,keV$	Energie der von ^{123}J freigesetzten Photonen
	$\Delta p = -12{,}5\,\%$	Prozentsatz, um den die Energie der beim Übergang von ^{99m}Tc nach ^{99}Tc freigesetzten Photonen unter dem für ^{123}J genannten Wert liegt
Ges.:	W	Energie der beim Übergang von ^{99m}Tc nach ^{99}Tc freiwerdenden Photonen

Lsg.:	**Lösungsweg 1:**	**Lösungsweg 2:**
	$\dfrac{\Delta p}{100\%} = \dfrac{W-G}{G}$	$\dfrac{100\% + \Delta p}{100\%} = \dfrac{W}{G}$
	$\dfrac{\Delta p}{100\%} = \dfrac{W}{G} - 1$	$W = \dfrac{100\% + \Delta p}{100\%} \cdot G$
	$W = \left(1 + \dfrac{\Delta p}{100\%}\right) \cdot G$	$W = \dfrac{100\% + (-12{,}5\%)}{100\%} \cdot 160\,keV$
	$W = \left(1 - \dfrac{12{,}5\%}{100\%}\right) \cdot 160\,keV$	$\underline{\underline{W = 140\,keV}}$
	$\underline{\underline{W = 140\,keV}}$	

Antwortsatz:...

7. Ziel: Implizit gegebene Größen erkennen und berechnen, in diesem Fall G. Richtige Zuordnung der gegebenen und gesuchten Werte zu Prozentsatz, Grund- und Prozentwert treffen. Verhältnisgleichung aufstellen und lösen. Ergebnis runden.

Geg.:	$l_1 = 1{,}3\,mm$	Kantenlänge des größeren Brennflecks
	$p = 21\,\%$	Prozentsatz der angibt, wie viel Prozent die Fläche des kleineren Brennflecks von derjenigen des größeren Brennflecks beträgt
Ges.:	A_2, l_2	Fläche und Kantenlänge des kleineren Brennflecks

Lsg.:	Grundwert ermitteln:	$G = A_1 = l_1^2 = 1{,}69\,mm^2$
	Verhältnisgleichung aufstellen:	$\dfrac{p}{100\%} = \dfrac{W}{G}$
		$W = \dfrac{p}{100\%} \cdot G$
		$W = \dfrac{21\%}{100\%} \cdot 1{,}69\,mm^2$
		$\underline{\underline{W \approx 0{,}35\,mm^2}} \quad \rightarrow \quad \underline{\underline{A_2 \approx 0{,}35\,mm^2}}$
		$W \equiv A_2$
		$\underline{\underline{l_2 = \sqrt{A_2} \approx 0{,}6\,mm}}$

Antwortsatz:...

8. Ziel: Richtige Zuordnung der gegebenen und gesuchten Werte zu Prozentsatz, Grund- und Prozentwert treffen. Verhältnisgleichung aufstellen und lösen. Ergebnis runden.

Geg.:	$W = 17{,}62\,kJ/g$	Brennwert von Stärke
	$\Delta p = 12{,}23\,\%$	Prozentsatz, um den der physikalische Brennwert von Stärke höher liegt
		als der von Glukose
Ges.:	G	physikalischer Brennwert von Glukose

Lsg.:	**Lösungsweg 1:**	**Lösungsweg 2:**
	$$\frac{p}{100\,\%} = \frac{W}{G}$$ $$\frac{100\% + \Delta p}{100\,\%} = \frac{W}{G}$$ $$G = \frac{100\%}{100\% + \Delta p} \cdot W$$ $$G \approx 15{,}70\,kJ/g$$	$$\frac{\Delta p}{100\,\%} = \frac{W - G}{G}$$ $$\frac{\Delta p}{100\,\%} = \frac{W}{G} - 1$$ $$\frac{W}{G} = \frac{\Delta p}{100\,\%} + 1$$ $$G = \frac{W}{\dfrac{\Delta p}{100\,\%} + 1} = \frac{17{,}62\,kJ/g}{\dfrac{12{,}23\%}{100\,\%} + 1}$$ $$G \approx 15{,}70\,kJ/g$$

Probe:	In dieser Aufgabe ist der Grundwert gesucht, also eine Größe, die den Status eines Bezugspunktes besitzt.
	Die Richtigkeit eines Bezugspunktes ist für Angaben, die sich auf diesen beziehen, von entscheidender Bedeutung und sollte deshalb mittels einer Probe verifiziert werden. Dies gilt auch für Grundwerte in Aufgaben zur Prozentrechnung.
Überlegung:	Der Brennwert für Glukose (Grundwert) ist dann korrekt, wenn der Brennwert von Stärke (Prozentwert) tatsächlich **um 12,23 % des Brennwertes von Glukose** höher liegt.
Rechnung:	$$\frac{p}{100\,\%} = \frac{W}{G}$$ $$\frac{100\% + \Delta p}{100\,\%} = \frac{W}{G}$$ $$W = \frac{100\% + \Delta p}{100\%} \cdot G$$ $$W \approx 17{,}62\,kJ/g$$
	Fazit: Obiger Grundwert ist richtig.

| Antwortsatz:... | |

9. Ziel: Richtige Zuordnung der gegebenen und gesuchten Werte zu Prozentsatz, Grund- und Prozentwert treffen. Verhältnisgleichung aufstellen und lösen.

Geg.:	W = 30450 Euro	Kaufpreis des Sonographiegerätes (Bruttopreis)
	$\Delta p = 16\,\%$	Mehrwertsteuersatz – der Prozentsatz des Nettopreises, der in Summe mit diesem den Kaufpreis einer Ware ergibt
Ges.:	G	Grundpreis (Nettopreis)
	MWSt	Mehrwertsteuerbetrag

Lsg.:

Lösungsweg 1:

$$\frac{p}{100\,\%} = \frac{W}{G}$$

$$\frac{100\,\% + \Delta p}{100\,\%} = \frac{W}{G}$$

$$G = \frac{100\,\%}{100\,\% + \Delta p} \cdot W$$

$$\underline{\underline{G = 26250\,\text{Euro}}}$$

$$MWSt = W - G$$

$$\underline{\underline{MWSt = 4200\,\text{Euro}}}$$

Lösungsweg 2:

$$\frac{\Delta p}{100\,\%} = \frac{W - G}{G}$$

$$\frac{\Delta p}{100\,\%} = \frac{W}{G} - 1$$

$$\frac{W}{G} = \frac{\Delta p}{100\,\%} + 1$$

$$G = \frac{W}{\dfrac{\Delta p}{100\,\%} + 1}$$

$$G = \frac{30450\,\text{Euro}}{\dfrac{16\,\%}{100\,\%} + 1}$$

$$\underline{\underline{G = 26250\ \text{Euro}}}$$

Zu MWSt s. Lösungsweg 1

Probe:

Der Grundpreis (Grundwert) ist dann korrekt, wenn der Kaufpreis (Prozentwert) tatsächlich um 16 % des Grundpreises höher liegt.

$$\frac{p}{100\,\%} = \frac{W}{G}$$

$$\frac{100\,\% + \Delta p}{100\,\%} = \frac{W}{G}$$

$$W = \frac{100\,\% + \Delta p}{100\,\%} \cdot G$$

$$\underline{\underline{W = 30450\,\text{Euro}}}$$

Fazit: Obiger Grundwert ist richtig.

Antwortsatz:...

10. Ziel: Qualitative Einschätzung hinsichtlich der in einer Gleichung enthaltenen Größen treffen.

a) $\text{Sensitivität} = \dfrac{rp}{rp + fn}$

Für eine hohe Sensitivität muss fn möglichst klein sein. Im Idealfall wäre fn = 0.

b) $\text{Spezitivität} = \dfrac{rn}{rn + fp}$

Für eine hohe Spezifität muss fp möglichst klein sein. Im Idealfall wäre fp = 0.

3.4 Potenzen

3.4.1 Zehnerpotenzen und Kurzzeichen anwenden

Ziel aller Aufgaben dieses Abschnittes ist das Darstellen numerischer Größen in verschiedenen Schreibweisen: als Dezimalzahl, unter Verwendung einer Zehnerpotenz oder unter Verwendung von Kurzzeichen. Es brauchen hierzu, mit Ausnahme von Aufgabe 3, keine Potenzgesetze angewendet zu werden. Diese sind erst in den folgenden Abschnitten Übungsgegenstand.

1. 5,4 Millionen pro µl $= 5,4 \cdot 10^6$ pro µl.

2. $5 \cdot 10^3$ pro µl $= 5 \cdot 1\,000$ pro µl $= \underline{5\,000}$ pro µl.

   $10 \cdot 10^3$ pro µl $= 10 \cdot 1\,000$ pro µl $= \underline{10\,000}$ pro µl.

3. $\underline{9,6 \cdot 10^9}$ rote Blutkörperchen pro Stunde.

4. Die gesuchten Werte sind in der Tabelle grau hinterlegt.

Tierart	Anzahl der Glomeruli	Zahl	Zehnerpotenz
Frosch	2 000	2,0	10^3
Ratte	52 000	5,2	10^4
Fuchs	695 000	6,95	10^5
Delphin	3 990 000	3,99	10^6

5. Die gesuchten Werte sind in der Tabelle grau hinterlegt.

Sachverhalt	Als Dezimalzahl	Mit abgespalt. Zehnerpotenz	Mit Kurzzeichen
Gammastrahlungsenergie von ^{60}Co	1 330 000 eV	$1,33 \cdot 10^6$ eV	1,33 MeV
Gammastrahlungsenergie von ^{82}Br	770 000 eV	$0,77 \cdot 10^6$ eV	0,77 MeV
Gammastrahlungsenergie von ^{125}J	30 000 eV	$30 \cdot 10^3$ eV	0,03 MeV
Untere Frequenzgrenze weicher Röntgenstrahlung	30 000 000 000 Hz	$30 \cdot 10^9$ Hz	30 GHz
Obere Frequenzgrenze weicher Röntgenstrahlung	30 000 000 000 000 Hz	$30 \cdot 10^{12}$ Hz	30 THz
Untere Frequenzgrenze ultraharter Röntgenstrahlung	300 000 000 000 000 Hz	$300 \cdot 10^{12}$ Hz	300 THz
Mögliche applizierte Radioaktivität zur Behandlung einer Schilddrüsenüberfunktion (vgl. Hermann, 1998)	1 200 000 000 Bq	$1,2 \cdot 10^9$ Bq	1,2 GBq
Strahlenbelastung bei der Knochenszintigrafie (Radiopharmakon: ^{99m}Tc-MDP, vgl. Hermann, 1998)	555 000 000 Bq	$555 \cdot 10^6$ Bq	555 MBq
Verabreichte Radioaktivität bei der Schilddrüsenszintigraphie (Radiopharmakon: ^{131}J; Hermann, 1998)	1 850 000 Bq	$1,85 \cdot 10^6$ Bq	1,85 MBq
Dicke einer Axonmembran	0,000 000 008 m	$8 \cdot 10^{-9}$ m	8 nm
Breite des synaptischen Spaltes zwischen prä- und postsynaptischer Membran	0,000 000 020 m	$20 \cdot 10^{-9}$ m	20 nm
Durchmesser einer motorischen Nervenfaser	0,000 020 m	$20 \cdot 10^{-6}$ m	20 µm
Aminosäuren im 24-Stunden-Urin gesunder Erwachsener (Pschyrembel, 2002)	0,8 g	$800 \cdot 10^{-3}$ g	800 mg
Harnsäure im 24-Stunden-Urin gesunder Erwachsener (Pschyrembel, 2002)	0,5 g	$500 \cdot 10^{-3}$ g	500 mg
D-Glukose im 24-Stunden-Urin gesunder Erwachsener (Pschyrembel, 2002)	0,07 g	$70 \cdot 10^{-3}$ g	70 mg
Beispiel einer Wellenlänge im infraroten Bereich elektromagnetischer Strahlung	0,000 010 m	$10 \cdot 10^{-6}$ m	10 µm
Beispiel einer Wellenlänge im Bereich weicher Röntgenstrahlung	0,000 000 001 m	$1 \cdot 10^{-9}$ m	1 nm
Beispiel einer Wellenlänge im Bereich ultraharter Röntgenstrahlung	0,000 000 000 000 100 m	$100 \cdot 10^{-15}$ m	100 fm

3.4.2 Mit Potenzen rechnen

1. Ziel: Am allgemeinen Beispiel Potenzen mit gleichen Basen und gleichen Exponenten erkennen und Distributivgesetz anwenden. Addition/Subtraktion ungleichnamiger Brüche sowie Anwenden der Vorzeichenregel wiederholen.

$$\frac{5}{12}i^2j^3k^4 - \frac{2}{3}i^2j^3k^4 - \frac{1}{6}i^2j^3k^4$$

$$= \left(\frac{5}{12} - \frac{2}{3} - \frac{1}{6}\right)i^2j^3k^4$$

$$= \left(\frac{5 - 2\cdot4 - 1\cdot2}{12}\right)i^2j^3k^4$$

$$= -\frac{5}{12}i^2j^3k^4$$

$$\frac{1}{2}ab^3 - \frac{3}{4}ab^3 + \frac{5}{6}ab^3$$

$$= \left(\frac{1}{2} - \frac{3}{4} + \frac{5}{6}\right)ab^3$$

$$= \left(\frac{1\cdot6 - 3\cdot3 + 5\cdot2}{12}\right)ab^3$$

$$= \frac{7}{12}ab^3$$

$$4cm^3 - \left(-9cm^3 + 3cm^3\right)$$

$$= 4cm^3 + 9cm^3 - 3cm^3$$

$$= 10cm^3$$

2. Ziel: Am allgemeinen Beispiel Potenzgesetze anwenden. Anwenden der Vorzeichenregel wiederholen.

$$\frac{a^3}{a^5}$$

$$= a^{3-5}$$

$$= a^{-2} = \frac{1}{a^2}$$

$$\frac{(a-z)^3}{(a-z)^2}$$

$$= (a-z)^{3-2}$$

$$= (a-z)^1$$

$$= a - z$$

$$\frac{100\,cm^3}{20\,cm^2}$$

$$= 5cm^{3-2}$$

$$= 5cm^1$$

$$= 5cm$$

$$\frac{m^{2n}}{m^{2n+1}}$$

$$= m^{2n-(2n+1)}$$

$$= m^{2n-2n-1}$$

$$= m^{-1} = \frac{1}{m}$$

$$\frac{p^{-(6x-9)}}{p^{-3x+9}}$$

$$= p^{-(6x-9)-(-3x+9)}$$

$$= p^{-6x+9+3x-9}$$

$$= p^{-3x} = \frac{1}{p^{3x}}$$

3. Ziel: Am allgemeinen Beispiel Potenzgesetze anwenden.

$$\left(2a^{-2}\right)^{-2}$$

$$= (2)^{-2}\cdot\left(a^{-2}\right)^{-2}$$

$$= \frac{1}{4}a^4$$

$$\left(-5^{\frac{1}{3}}\right)^6$$

$$= \left[(-1)\cdot5^{\frac{1}{3}}\right]^6$$

$$= (-1)^6 \cdot 5^{\frac{6}{3}}$$

$$= 1\cdot5^2$$

$$= 25$$

$$\left(t^{e+2}\right)^{0,5}$$

$$= t^{(e+2)0,5}$$

$$= t^{\frac{1}{2}e+1}$$

$$\left(\frac{i^9}{j^3}\right)^{\frac{1}{3}}$$

$$= \frac{\left(i^9\right)^{\frac{1}{3}}}{\left(j^3\right)^{\frac{1}{3}}} = \frac{i^3}{j}$$

$$\left(\frac{m^5n^3}{n^3m^6}\right)^{-1}$$

$$= \left(m^{5-6}n^{3-3}\right)^{-1}$$

$$= \left(m^{-1}\right)^{-1}$$

$$= m$$

4. Ziel: Potenz- und Prozentrechnung verknüpfen.

Geg.:	$G = 3,2 \cdot 10^{-12}$	Anzahl ausströmender K^+-Ionen pro Impuls und cm^2
	$W = 3,8 \cdot 10^{-12}$	Anzahl einströmender Na^+-Ionen pro Impuls und cm^2
Ges.:	Δp	Prozentsatz, um den die Anzahl ausströmender K^+-Ionen die Anzahl einströmender Na^+-Ionen übersteigt
Lsg.:		$$\frac{p}{100\%} = \frac{W}{G}$$ $$\frac{\Delta p}{100\%} = \frac{W-G}{G}$$ $$\Delta p = \left(\frac{W}{G} - 1\right) \cdot 100\%$$ $$\Delta p = \left(\frac{3,8 \cdot 10^{12}}{3,2 \cdot 10^{12}} - 1\right) \cdot 100\% \quad \Big| \ \frac{10^{12}}{10^{12}} = 1$$ $$\underline{\underline{\Delta p = 18,75\%}}$$
Antwortsatz:...		

5. Ziel: Indirekte Proportionalität zwischen Frequenz und Wellenlänge erkennen. Potenzrechnung anwenden. Maßeinheiten umrechnen.

Geg.:	$f_o = 3 \cdot 10^{13}$ MHz	Obere Frequenzgrenze weicher Röntgenstrahlen
	$\lambda_o = 10$ pm	Wellenlänge weicher Röntgenstrahlen an der oberen Frequenzgrenze
	$f_u = 3 \cdot 10^{10}$ MHz	Untere Frequenzgrenze weicher Röntgenstrahlen
Ges.:	λ_u	Wellenlänge weicher Röntgenstrahlen an der unteren Frequenzgrenze
Lsg.:	Ansatz:	Unter der Voraussetzung des gleichen Ausbreitungsmediums ist die Geschwindigkeit elektromagnetischer Strahlung verschiedener Frequenz konstant. Somit gilt: $$c = \lambda_1 f_1 = \lambda_2 f_2 = \cdots = \lambda_n f_n$$ Hinsichtlich der Aufgabenstellung heißt das: $$\lambda_u f_u = \lambda_o f_o$$
	Lösungsweg:	Diese Gleichung kann nach der gesuchten Größe umgestellt und das Ergebnis berechnet werden. $$\lambda_u = \frac{\lambda_o f_o}{f_u}$$ $$\lambda_u = \frac{10pm \cdot 3 \cdot 10^{13} MHz}{3 \cdot 10^{10} MHz} \quad \Big| \ \frac{10^{13}}{10^{10}} = 10^3, \ p(Pico) = 10^{-12}$$ $$\lambda_u = 10 \cdot 10^{-12} \cdot 10^3 m$$ $$\lambda_u = 10 \cdot 10^{-9} m = \underline{\underline{10nm}}$$
Antwortsatz:...		

6. Ziel: Verhältnisgleichung aufstellen. Potenzrechnung anwenden sowie Maßeinheiten umrechnen.

Geg.:	1 Ci = 37 GBq	Umrechnen von EINEM Curie in Bequerel
	a) A = 1 µCi	Aktivität in der früher für eine radioaktive Substanz gebräuchlichen Maßeinheit
	b) A = 100 MBq	Aktivität in SI-Einheit
Ges.:	a) A in MBq	Aktivität in SI-Einheit
	b) A in Ci	Aktivität in der früher für eine radioaktive Substanz gebräuchlichen Maßeinheit
a) Lsg.:		Ausgangspunkt ist der gegebene Wert A = 1µCi. Das Kurzzeichen µ kann durch die entsprechende Zehnerpotenz ersetzt werden: $$A = 1\mu C = 10^{-6}\,Ci$$ Laut Aufgabenstellung entspricht 1Ci einer Aktivität von 37GBq. Daraus folgt: $$A = 10^{-6}\,Ci = 10^{-6}\cdot 37 GBq \quad | \quad Giga\,G \equiv 10^9$$ $$= 10^{-6}\cdot 37\cdot 10^9 Bq$$ $$= 37\cdot 10^3 Bq$$ Um dieses Resultat in MBq umzurechnen, kann man folgende Gleichung aufstellen und nach x auflösen: $$37\cdot 10^3 Bq = x MBq$$ $$x = \frac{37\cdot 10^3 Bq}{MBq} \quad | \quad Mega\,M \equiv 10^6$$ $$x = \frac{37\cdot 10^3 Bq}{10^6 Bq}$$ $$x = 37\cdot 10^{-3}$$ $$x = 0{,}037$$ Damit entspricht 1µCi einer Aktivität von 0,037 MBq.
b) Lsg.:		Die Umrechnung kann analog der obigen erfolgen. Die Ziel-Maßeinheit Ci liegt sofort vor: $$A = 100 MBq = 0{,}1 GBq \quad | \quad 1GBq = \frac{1}{37}Ci$$ $$= 0{,}1\cdot \frac{1}{37}Ci$$ $$\approx \underline{\underline{0{,}0027 Ci}}$$
Antwortsatz:...		

7. Ziel: Verhältnisgleichung aufstellen. Potenzrechnung anwenden. Maßeinheiten umrechnen sowie Ergebnis runden.

Geg.:	A = 80 MBq	Aktivität der zugeführten Menge ^{99m}Tc in SI-Einheit
Ges.:	A in mCi	Aktivität der zugeführten Menge ^{99m}Tc in der früher für eine radioaktive Substanz gebräuchlichen Maßeinheit
Lsg.:	Ansatz:	1 Ci = 37 GBq
	Lösungsweg:	$$A = 80 MBq = 0{,}08 GBq \quad | \quad 1GBq = \frac{1}{37}Ci$$ $$= 0{,}08\cdot \frac{1}{37}Ci$$ $$\approx 0{,}0022 Ci$$ $$\approx \underline{\underline{2{,}2 mCi}}$$
Antwortsatz:...		

8. Ziel: Volumen eines Quaders berechnen. Maßeinheiten umrechnen.

Geg.:	$A = 0,5\,mm^2$	Fläche des Voxels
	$d = 0,1\,cm$	Dicke des Voxels
Ges.:	V	Volumen des Voxels
Lsg.:		$V = A \cdot d$ $V = 0,5\,mm^2 \cdot 1\,mm \quad \mid \quad 0,1\,cm = 1\,mm$ $\underline{\underline{V = 0,5\,mm^3}}$
Antwortsatz:...		

9. Ziel: Potenzrechnung anwenden. Maßeinheiten umrechnen.

Aminosäure	Minimalbedarf in g	Minimalbedarf in µg bei verschiedenen Potenzschreibweisen	
Isoleucin	0,70	700	$\cdot 10^3$
		Möglicher Lösungsweg für Isoleucin: Der gesuchte Zahlenwert sei „x". Folgende Gleichung kann aufgestellt werden: $0,7\,g = x \cdot 10^3\,µg$ $x = \dfrac{0,7\,g}{10^3\,µg} = \dfrac{0,7\,g}{10^3 \cdot 10^{-6}\,g} = \dfrac{0,7}{10^{-3}}$ $x = 0,7 \cdot 10^3 = \underline{\underline{700}}$	
Leucin	1,10	$\underline{11\,000}$	$\cdot 10^2$
Lysin	0,80	$\underline{80\,000}$	$\cdot 10^1$
Theonin	0,50	$\underline{500\,000}$	$\cdot 10^0$

10. Ziel: Potenzrechnung anwenden. Maßeinheiten umrechnen.

Substanz	Radius in nm	Radius bei verschiedenen Einheiten und Potenzschreibweisen		
Wasser	0,1	$\underline{0,1}$	$\cdot 10^{-9}$	m
Harnstoff	0,16	0,16	$\cdot 10^{-6}$	$\underline{\underline{mm}}$
		Möglicher Lösungsweg für Harnstoff: Das gesuchte Kurzzeichen sei „x". Folgende Gleichung kann aufgestellt werden: $0,16\,nm = 0,16 \cdot 10^{-6} \cdot x \cdot m$ $x = \dfrac{0,16\,nm}{0,16 \cdot 10^{-6}\,m} = \dfrac{10^{-9}\,m}{10^{-6}\,m}$ $x = 10^{-3} \equiv Milli \quad x \rightarrow \underline{\underline{m}}$		
Myoglobin	1,95	1,95	$\cdot 10^{-3}$	$\underline{\underline{µm}}$
Hämoglobin	3,25	0,00325	$\underline{\cdot 10^0}$	µm

11. Ziel: Potenzrechnung anwenden. Maßeinheiten umrechnen.

Art der Teilchen	Partikel/μl	Mpt/l	Gpt/l	Tpt/l
Leukozyten	$8,2 \cdot 10^3$		<u>8,2</u>	
	$\underline{\underline{7,6 \cdot 10^3}}$		7,6	
Erythrozyten	$5,0 \cdot 10^6$			<u>5,0</u>
	$\underline{\underline{5,8 \cdot 10^6}}$			5,8
Thrombozyten	$0,46 \cdot 5,0 \cdot 10^6$		<u>460</u>	<u>0,46</u>
	$\underline{\underline{0,3 \cdot 10^6}}$		300	0,3
	$\underline{\underline{0,43 \cdot 10^6}}$		430	0,43
Zellzahl im lumbalen Liquor	3,2	<u>3,2</u>		
	$\underline{\underline{2,8}}$	2,8		

Es folgen zwei Lösungswege für das Beispiel Leukozyten. Vereinbart sei: „x" steht für den gesuchten Wert, „pt" für Partikel.

Lösungsweg 1:	Lösungsweg 2:

Lösungsweg 1:

$$8,2 \cdot 10^3 \frac{pt}{\mu l} = x \cdot \frac{Gpt}{l} \qquad \Big| \div \frac{Gpt}{l}$$

$$x = 8,2 \cdot 10^3 \frac{pt}{\mu l} \cdot \frac{l}{Gpt} \qquad \Big| \mu \equiv 10^{-6}$$

$$x = 8,2 \cdot \frac{10^3}{10^{-6}} \cdot \frac{pt \cdot l}{Gpt \cdot l} \qquad \Big| G \equiv 10^9$$

$$x = 8,2 \cdot \frac{10^{3-(-6)}}{10^9} \cdot \frac{pt}{pt} = 8,2 \cdot \frac{10^9}{10^9}$$

$$\underline{\underline{x = 8,2}}$$

Lösungsweg 2:

$$8,2 \cdot 10^3 \frac{pt}{\mu l} = x \cdot \frac{Gpt}{l} \qquad \Big| \mu \equiv 10^{-6}$$

$$8,2 \cdot 10^3 \frac{pt}{10^{-6} l} = x \cdot \frac{Gpt}{l}$$

$$8,2 \cdot 10^{3-(-6)} \frac{pt}{l} = x \cdot \frac{Gpt}{l}$$

$$8,2 \cdot 10^9 \frac{pt}{l} = x \cdot \frac{Gpt}{l} \qquad \Big| G \equiv 10^9$$

$$\underline{\underline{x = 8,2}}$$

12. Ziel: Ergebnis entsprechend dem zu diesem Thema individuell ausgeprägten fachlichen Wissensstand bewerten. Diese Bewertung mit mathematischen Mitteln begründen. Potenzrechnung anwenden. Maßeinheiten umrechnen. Nicht explizit gegebene Größen mit dem Tafelwerk bestimmen.

Um für diese Aussage den mathematischen Nachweis zu erbringen, sind erst die in der Aufgabe nicht explizit gegebenen Größen e und h zu bestimmen. Können e und h vom Rechnenden nicht als die **elektrische Elementarladung e** sowie das **PLANCKsche Wirkungsquantum h** identifiziert werden, so sollte ihm dies auf alle Fälle über das Auffinden der genannten Gleichung im Tafelwerk und deren Interpretation gelingen.
Die für e und h lt. Tafelwerk geltenden Naturkonstanten sind in der folgenden Lösung als gegebene Größen benannt.

Geg.:	$f = 3,5 \cdot 10^{13}$ MHz	Frequenz
	$e = 1,602 \cdot 10^{-19}$ As	elektrische Elementarladung
	$h = 6,626 \cdot 10^{-34}$ Ws^2	PLANCKsches Wirkungsquantum
Ges.:	U	Anodenspannung
Lsg.:	Ansatz:	$e \cdot U = h \cdot f$ $$U = \frac{h \cdot f}{e}$$
	Lösungsweg:	Nun werden die gegebenen Größen eingesetzt. Der Übersicht wegen wird empfohlen, Zahlenwerte, Zehnerpotenzen und Einheiten als separate Faktoren zu schreiben: $$U = \frac{6,626 \cdot 3,5}{1,602} \frac{10^{-34} \cdot 10^{13}}{10^{-19}} \frac{Ws^2 \cdot MHz}{As}$$ Das im dritten Faktor enthaltene Kurzzeichen „M" ist Synonym für die Dezimalzahl 1000000. Diese Zahl kann man als Zehnerpotenz schreiben und dann statt dem dritten dem „hierfür vorgesehenen" zweiten Faktor zuordnen. Man erhält: $$U = \frac{6,626 \cdot 3,5}{1,602} \frac{10^{-34} \cdot 10^{13} \cdot 10^{6}}{10^{-19}} \frac{Ws^2 \cdot Hz}{As}$$ Die ersten beiden Faktoren ergeben unter Anwendung elementarer Rechenregeln und der Potenzgesetze den Zahlenwert der gesuchten Anodenspannung. Einheit dieser Größe ist das Volt bzw. das Kilovolt. Diese Einheit kann aus den gegebenen Einheiten wie folgt hergeleitet werden: $$W \equiv VA, Hz \equiv \frac{1}{s} \rightarrow \frac{Ws^2 \cdot Hz}{As} \equiv \frac{VAs^2}{As \cdot s} = V$$ Die Anodenspannung kann nun in der gesuchten Einheit angegeben werden: $$U \approx 14,5 \cdot 10^{4} \text{ V}$$ $$\underline{\underline{U \approx 145 \text{kV}}}$$

Bewertung: Das Ergebnis des MTR-Schülers ist offensichtlich falsch. Hartstrahlaufnahmen sind Aufnahmen mit Anodenspannungen größer 100kV. Die Kontrollrechnung bestätigt diesen Sachverhalt und lässt auf einen Kommafehler des MTR-Schülers schließen.

13. Ziel: Ergebnis entsprechend dem zu diesem Thema individuell ausgeprägten fachlichen Wissensstand bewerten. Diese Bewertung mit mathematischen Mitteln begründen. Potenzrechnung anwenden. Maßeinheiten umrechnen.

a) Geg.:	$f = 200$	Verdünnungsfaktor
	$q = 80$	Anzahl der ausgezählten Quadrate
	$V_q = (1/4000)\,\mu l$	Bei Zählung von Erythrozyten: Volumen unter einem *kleinen* Quadrat
	$N_E = 520$	Gezählte Erythrozyten

a) Ges.:	n_E	Erythrozyten pro Liter Blut

a) Lsg.:	Ansatz:	$n_E = \dfrac{\text{Anzahl der ausgezählten Erythrozyten} \cdot \text{Verdünnungsfaktor}}{\text{ausgezähltes Volumen}}$
		$n_E = \dfrac{N_E \cdot f}{V}$
		Das insgesamt betrachtete Volumen entspricht dem Produkt aus der Anzahl der ausgezählten Quadrate und dem Volumen unter einem einzelnen dieser Quadrate:
		$V = q \cdot V_q$
		$V = 80 \cdot \dfrac{1}{4 \cdot 10^3}\,\mu l = 20 \cdot 10^{-3}\,\mu l = 20\,nl$
	Lösungsweg:	Das Volumen V in die Ausgangsgleichung einsetzen:
		$n_E = \dfrac{520 \cdot 200}{20\,nl}$
		$n_E = 520 \cdot 10\,nl^{-1}$
		$n_E = 5200 \cdot 10^{-(-9)}\,l^{-1}$
		$n_E = 5{,}2 \cdot 10^{12}\,l^{-1}$
		$\underline{\underline{n_E = 5{,}2\,\text{Billionen}\,l^{-1}}}$

Bewertung: Das Ergebnis der MTL ist korrekt. Grund: Die Erythrozytenzahl eines gesunden männlichen Erwachsenen beträgt 4,6 Millionen bis 5,9 Millionen pro µl. Auf einen Liter bezogen sind das 4,6 Billionen bis 5,9 Billionen Erythrozyten (vgl. Silbernagl/ Despopoulos, 2003). Das errechnete Ergebnis liegt innerhalb dieses Bereiches.

b) Geg.:	$n_E = 5{,}2 \cdot 10^{12}\,pt/l$	Anzahl Erythrozyten (Partikel pt) pro Liter Blut
b) Ges.:	n_E in Tpt/l	Anzahl Erythrozyten

b) Lsg.:	Wenn die Maßeinheit stimmen soll, dann müsste das in a) erhaltene Ergebnis gleich dem sein, welches in b) genannt wurde. Diese Überlegung führt zu folgender Gleichung, die durch Rechnung zu beweisen ist:
	$5{,}2 \cdot 10^{12}\,\dfrac{pt}{l} = x \cdot \dfrac{Tpt}{l}$
	$x = 5{,}2 \cdot 10^{12}\,\dfrac{pt}{l} \cdot \dfrac{l}{Tpt} \qquad |\; T \equiv 10^{12}$
	$x = 5{,}2 \cdot \dfrac{10^{12}}{10^{12}}\dfrac{pt}{pt}$
	$x = 5{,}2 \;\rightarrow\; \underline{\underline{n_E = 5{,}2\dfrac{Tpt}{l}}}$

Bewertung: Die Maßeinheit der MTL ist korrekt.

14. Ziel: Potenzrechnung anwenden. Maßeinheiten umrechnen. Ergebnis runden.

Geg.:	m = 50 kg	Körpermasse
	l = 160 cm	Körpergröße
Ges.:	A	Körperoberfläche in m²
Lsg.:		$A = \left(\dfrac{m}{kg}\right)^{0,425} \cdot \left(\dfrac{l}{cm}\right)^{0,725} \cdot 71,84\,cm^2$
		$A = 50^{0,425} \cdot 160^{0,725} \cdot 71,84\,cm^2$
		$A = 5,27 \cdot 39,63 \cdot 71,84\,cm^2$
		$A \approx 15011\,cm^2 \qquad \mid \quad 1cm = 0,01m = 10^{-2}m$
		$A \approx 15011 \cdot \left(10^{-2}m\right)^2$
		$A \approx 15011 \cdot 10^{-4}\,m^2$
		$\underline{\underline{A \approx 1,50\,m^2}}$
Antwortsatz:...		

15. Ziel: Potenzrechnung anwenden. Ergebnis runden.

Geg.:	**Daten**	**Umrechnungsfaktoren**	
	SKr = 88,4 µmol/l	0,01131	Serum-Kreatinin
	SHS = 1,785 mmol/l	2,801	Serum-Harn-Stickstoff
	SAlb = 40 g/l	0,1	Serum-Albumin
	60 Jahre		Alter
	männlich		Geschlecht
	weiß		Hautfarbe
Ges.:	GFR	Glomuläre Filtrationsrate in $\dfrac{ml}{min \cdot 1,73m^2}$	

Lsg.:	Schritt 1:	Gegebene Größen in Ziel-Maßeinheiten umrechnen:
		$SKr = 88,4 \cdot 1\dfrac{\mu mol}{l} = 88,4 \cdot 0,01131\dfrac{mg}{dl} \approx 1\dfrac{mg}{dl}$
		$SHS = 1,785 \cdot 1\dfrac{mmol}{l} = 1,785 \cdot 2,801\dfrac{mg}{dl} \approx 5\dfrac{mg}{dl}$
		$SAlb = 40 \cdot 1\dfrac{g}{l} = 40 \cdot 0,1\dfrac{g}{dl} = 4\dfrac{g}{dl}$
	Schritt 2:	Werte in die Formel einsetzen. GFR-Wert berechnen und in der gesuchten Maßeinheit angeben:
		$GFR = 170 \cdot \left(\dfrac{SKr}{mg/dl}\right)^{-0,999} \cdot \left(\dfrac{Alter}{Jahre}\right)^{-0,176} \cdot \left(\dfrac{SHS}{mg/dl}\right)^{-0,170}$
		$\cdot \left(\dfrac{SAlb}{g/dl}\right)^{+0,318} \cdot 1\dfrac{ml}{min \cdot 1,73m^2}$
		$(\cdot 0,762 \text{ bei Frauen})$
		$(\cdot 1,180 \text{ bei Farbigen})$
		$GFR \approx 170 \cdot 1^{-0,999} \cdot 60^{-0,176} \cdot 5^{-0,170} \cdot 4^{+0,318} \cdot 1\dfrac{ml}{min \cdot 1,73m^2}$
		$\approx 170 \cdot 1 \cdot 0,486 \cdot 0,761 \cdot 1,554 \dfrac{ml}{min \cdot 1,73m^2}$
		$\approx \underline{\underline{98 \dfrac{ml}{min \cdot 1,73m^2}}}$

Bewertung: Die erhaltene GFR ist zumindest von der Größenordnung her richtig. Die Nierenfunktion des Patienten scheint intakt zu sein. Eine sichere Aussage kann aber nur in Verbindung mit weiteren zu untersuchenden Merkmalen getroffen werden.

3.5 Wurzeln

1. Ziel: Umwandeln von Potenz- in Wurzelschreibweise üben. Wurzeln berechnen und Ergebnis mit dem der äquivalenten Potenz vergleichen. Runden von Ergebnissen üben.

$$100^{\frac{1}{2}} = \sqrt{100}$$
$$= \underline{\underline{10}}$$

$$16^{0,25} = 16^{\frac{1}{4}}$$
$$= \sqrt[4]{16} = \underline{\underline{2}}$$

$$2^{\frac{2}{5}} = \sqrt[5]{2^2}$$
$$\approx \underline{\underline{1,32}}$$

$$0,5^{0,5} = 0,5^{\frac{1}{2}}$$
$$= \sqrt{0,5} \approx \underline{\underline{0,71}}$$

$$5^{\frac{3}{2}} = \sqrt{5^3}$$
$$\approx \underline{\underline{11,18}}$$

$$100^{-\frac{1}{2}} = \sqrt{100^{-1}}$$
$$= \sqrt{\frac{1}{100}} = \underline{\underline{0,1}}$$

$$16^{-0,25} = 16^{-\frac{1}{4}}$$
$$= \sqrt[4]{16^{-1}}$$
$$= \sqrt[4]{\frac{1}{16}} = \underline{\underline{0,5}}$$

$$2^{-\frac{2}{5}} = \sqrt[5]{2^{-2}}$$
$$= \sqrt[5]{\frac{1}{4}}$$
$$\approx \underline{\underline{0,76}}$$

$$0,5^{-0,5} = 0,5^{-\frac{1}{2}}$$
$$= \sqrt{0,5^{-1}}$$
$$= \sqrt{2} \approx \underline{\underline{1,41}}$$

$$5^{-\frac{3}{2}} = \sqrt{5^{-3}}$$
$$= \sqrt{\frac{1}{5^3}} = \sqrt{\frac{1}{125}}$$
$$\approx \underline{\underline{0,09}}$$

2. Ziel: Umwandlung von Wurzel- in Potenzschreibweise üben. Potenzen berechnen und Ergebnis mit dem der äquivalenten Wurzel vergleichen.

$$\sqrt[4]{10^8} = 10^{\frac{8}{4}}$$
$$= 10^2 = \underline{\underline{100}}$$

$$\sqrt[6]{0,1^6} = 0,1^{\frac{6}{6}}$$
$$= 0,1^1 = \underline{\underline{0,1}}$$

$$\sqrt[9]{1000^3}$$
$$= 1000^{\frac{3}{9}}$$
$$= 1000^{\frac{1}{3}} = \underline{\underline{10}}$$

$$\sqrt[4]{4^0} = \sqrt[4]{1}$$
$$= \underline{\underline{1}}$$

$$\sqrt[2]{16^{\frac{1}{2}}} = 16^{\frac{1}{4}}$$
$$= \underline{\underline{2}}$$

$$\sqrt[4]{10^{-8}} = 10^{-\frac{8}{4}}$$
$$= 10^{-2} = \underline{\underline{0,01}}$$

$$\sqrt[6]{0,1^{-6}} = 0,1^{-\frac{6}{6}}$$
$$= 0,1^{-1} = \underline{\underline{10}}$$

$$\sqrt[9]{1000^{-3}}$$
$$= 1000^{-\frac{3}{9}}$$
$$= 1000^{-\frac{1}{3}} = \underline{\underline{0,1}}$$

$$\sqrt[2]{16^{-\frac{1}{2}}} = 16^{-\frac{1}{4}}$$
$$= \underline{\underline{0,5}}$$

3. Ziel: Terme unter Anwendung der Wurzel- und Potenzgesetze vereinfachen.

$$\sqrt{3} \cdot \sqrt{27} = \sqrt{81} = \underline{\underline{9}}$$

$$\sqrt[3]{32} \cdot \sqrt[3]{2} = \sqrt[3]{64} = \sqrt[3]{4^3} = \underline{\underline{4}}$$

$$\frac{\sqrt[4]{80}}{\sqrt[4]{5}} = \sqrt[4]{\frac{80}{5}} = \sqrt[4]{16} = \sqrt[4]{2^4} = \underline{\underline{2}}$$

$$\frac{\sqrt{10}}{\sqrt{1000}} = \sqrt{\frac{10}{1000}} = \sqrt{10^{-2}} = \underline{\underline{0,1}}$$

$$\frac{\sqrt[n]{2m+1}}{\sqrt[n]{m}} = \sqrt[n]{\frac{2m+1}{m}} = \underline{\underline{\sqrt[n]{2+\frac{1}{m}}}}$$

$$\sqrt{81t} + \sqrt{4t} = \sqrt{81}\sqrt{t} + \sqrt{4}\sqrt{t}$$
$$= \underline{\underline{11\sqrt{t}}}$$

$$5\sqrt{100i^2} - 7\sqrt{49i^2} = 5\sqrt{100}\sqrt{i^2} - 7\sqrt{49}\sqrt{i^2}$$
$$= 5 \cdot 10i - 7 \cdot 7i$$
$$= \underline{\underline{i}}$$

$$\sqrt[3]{8a+16b} = \sqrt[3]{8(a+2b)}$$
$$= \sqrt[3]{8} \cdot \sqrt[3]{a+2b}$$
$$= \underline{\underline{2\sqrt[3]{a+2b}}}$$

$$\sqrt{100p+25q} = \sqrt{25(4p+q)}$$
$$= \sqrt{25}\sqrt{4p+q}$$
$$= \underline{\underline{5\sqrt{4p+q}}}$$

$$\sqrt{x^2-y^2} \cdot \sqrt{\frac{x-y}{x+y}} = \sqrt{(x+y)(x-y)} \cdot \frac{\sqrt{x-y}}{\sqrt{x+y}}$$
$$= \sqrt{x+y}\sqrt{x-y} \cdot \frac{\sqrt{x-y}}{\sqrt{x+y}}$$
$$= \frac{\sqrt{x+y}}{\sqrt{x+y}} \cdot \sqrt{x-y} \cdot \sqrt{x-y}$$
$$= \underline{\underline{x-y}}$$

4. Ziel: Gleichung nach der gesuchten Größe umstellen. Wurzelgesetze anwenden.

Geg.:	$D_1 = 90\ mGy$	Dosis im Abstand r_1
	$D_2 = 10\ mGy$	Dosis im Abstand r_2
	$r_1 = 30\ cm$	brennflecknaher Abstand
Ges.:	r_2	brennfleckferner Abstand

Lsg.:	
	$$\frac{D_1}{D_2} = \frac{r_2^2}{r_1^2}$$ $$r_2^2 = \frac{D_1}{D_2} \cdot r_1^2$$ $$r_2^2 = \frac{90\,mGy}{10\,mGy} \cdot r_1^2$$ $$r_2^2 = 9 \cdot r_1^2$$ $$r_2^2 = \sqrt{9 \cdot r_1^2} \quad \mid \text{Wurzelgesetz } \sqrt[n]{a \cdot b} = \sqrt[n]{a} \cdot \sqrt[n]{b}$$ $$r_2 = 3 \cdot r_1$$ $$\underline{\underline{r_2 = 90\ cm}}$$

Antwortsatz:...

5. Ziel: Gleichung nach der gesuchten Größe umstellen. Wurzelgesetze anwenden. Ergebnis entsprechend dem zu diesem Thema individuell ausgeprägten fachlichen Wissensstand bewerten. Bewertung mit mathematischen Mitteln begründen.

Geg.:	$V = 4\ nl$	Angenommenes Volumen einer Alveole
Ges.:	d	Durchmesser einer Alveole

Lsg.:	Ansatz:	Für das Volumen einer Kugel gilt allgemein: $$V = \frac{4}{3} \pi r^3$$ Obige Gleichung nach r umstellen und berechnen. Dann Durchmesser d über die Beziehung $d = 2r$ ermitteln.
	Lösung:	$$r^3 = \frac{3}{4\pi} V$$ $$r^3 \approx 0{,}2387 \cdot 4\,nl$$ $$r^3 \approx 0{,}95\,nl \quad \text{bzw.} \quad r^3 \approx 0{,}95 \cdot n \cdot l$$ Nano $n = 10^{-9}$ 1 Liter $= 1\,dm^3$ Wurzelgesetz $\sqrt[n]{a \cdot b} = \sqrt[n]{a} \cdot \sqrt[n]{b}$ auf alle drei Faktoren anwenden: $$r \approx \sqrt[3]{0{,}95} \cdot \sqrt[3]{10^{-9}} \cdot \sqrt[3]{dm^3}$$ $$r \approx 1 \cdot 10^{-\frac{9}{3}} \cdot dm$$ $$r \approx 10^{-3}\,dm \mid 1\,dm = 10^{-1}\,m$$ $$r \approx 10^{-4}\,m$$ $$r \approx 100\,\mu m$$ $$\underline{\underline{d \approx 200\,\mu m}}$$

Bewertung: Alveolen haben einen Durchmesser von 100 bis 300 μm (Pschyrembel, 2002). Obiges Rechenergebnis liegt in diesem Intervall. Folglich ist das Resultat der MTL als falsch zu bewerten. Vermutlich ist ihr bei der Umrechnung der Maßeinheit ein Kommafehler oder ein Fehler im Umgang mit Zehnerpotenzen/Kurzzeichen unterlaufen.

6. Ziel: Wurzelgesetze an einem praktischen Beispiel aus der Statistik anwenden. Ergebnis runden.

Geg.:	Blutdruck p_i	$p_1 = 122$ mmHg	1. Tag	$p_6 = 118$ mmHg	6. Tag
	am i-ten Tag	$p_2 = 125$ mmHg	2. Tag	$p_7 = 120$ mmHg	7. Tag
		$p_3 = 120$ mmHg	3. Tag	$p_8 = 118$ mmHg	8. Tag
		$p_4 = 122$ mmHg	4. Tag	$p_9 = 122$ mmHg	9. Tag
		$p_5 = 123$ mmHg	5. Tag	$p_{10} = 126$ mmHg	10. Tag

Ges.:	p_G	Geometrisches Mittel des systolischen Blutdruckes nach zehn Tagen

Lsg.: **Ansatz:**

Die untersuchte Größe ist der systolische Blutdruck. Die physikalische Größe „Druck" wird meist mit „p" bezeichnet. Deshalb soll auch hier dieses Formelzeichen verwendet werden. Die in der Aufgabenstellung genannte Gleichung lautet dann:

$$\bar{p}_G = \sqrt[n]{p_1 \cdot p_2 \cdot \ldots \cdot p_n}$$

Da zehn Tage betrachtet werden, ist n = 10.

$$\bar{p}_G = \sqrt[10]{p_1 \cdot p_2 \cdot p_3 \cdot p_4 \cdot p_5 \cdot p_6 \cdot p_7 \cdot p_8 \cdot p_9 \cdot p_{10}}$$

Man könnte nun die einzelnen p einsetzen…

Lösungsweg:

$$\bar{p}_G = \sqrt[10]{122\,\text{mmHg} \cdot 125\,\text{mmHg} \cdot \ldots \ldots \cdot 122\,\text{mmHg} \cdot 126\,\text{mmHg}}$$

Wendet man auf Zahlenwerte und Maßeinheit das Wurzelgesetz

$$\sqrt[n]{a \cdot b} = \sqrt[n]{a} \cdot \sqrt[n]{b} \quad \text{an, folgt:}$$

$$\bar{p}_G = \sqrt[10]{122 \cdot 125 \cdot 120 \cdot 122 \cdot 123 \cdot 118 \cdot 120 \cdot 118 \cdot 122 \cdot 126 \cdot \text{mmHg}^{10}}$$

$$= \sqrt[10]{122 \cdot 125 \cdot 120 \cdot 122 \cdot 123 \cdot 118 \cdot 120 \cdot 118 \cdot 122 \cdot 126} \cdot \sqrt[10]{\text{mmHg}^{10}}$$

Damit ist die Maßeinheit wieder mmHg. Das ist korrekt. Das Produkt im Radikanten ist eine sehr große Zahl. Diese ist zweifelsohne dank Taschenrechner beherrschbar. Alternativ könnte man die unter der Wurzel stehenden Faktoren als Produkt aus Zahl und Zehnerpotenz 10^2 schreiben und erhält unter Anwendung von $\sqrt[n]{a \cdot b} = \sqrt[n]{a} \cdot \sqrt[n]{b}$

$$\bar{p}_G = \sqrt[10]{1{,}22 \cdot 1{,}25 \cdot 1{,}20 \cdot 1{,}22 \cdot 1{,}23 \cdot 1{,}18 \cdot 1{,}20 \cdot 1{,}18 \cdot 1{,}22 \cdot 1{,}26}$$
$$\cdot \sqrt[10]{10^{20}} \cdot \sqrt[10]{\text{mmHg}^{10}}$$

$$\bar{p}_G \approx 1{,}2157 \cdot 10^2 \, \text{mmHg}$$

$$\underline{\underline{\bar{p}_G \approx 121{,}57 \, \text{mmHg}}}$$

Antwortsatz:…

7. Ziel: Wurzelgesetze an einem praktischen Beispiel aus der Statistik anwenden. Das in der Statistikausbildung der MTA verwendete Summenzeichen kennen lernen bzw. wiederholen. Ergebnis runden.

Geg.:	Blutdruck p_i	$p_1 = 122$ mmHg	1. Tag	$p_6 = 118$ mmHg	6. Tag
	am i-ten Tag	$p_2 = 125$ mmHg	2. Tag	$p_7 = 120$ mmHg	7. Tag
		$p_3 = 120$ mmHg	3. Tag	$p_8 = 118$ mmHg	8. Tag
		$p_4 = 122$ mmHg	4. Tag	$p_9 = 122$ mmHg	9. Tag
		$p_5 = 123$ mmHg	5. Tag	$p_{10} = 126$ mmHg	10. Tag
Ges.:	s	Standardabweichung des systolischen Blutdruckes bei einem Betrachtungszeitraum von 10 Tagen			

Lsg.: **Ansatz:** Der allgemeinen Variablen x entspricht im konkreten Beispiel der systolische Blutdruck p. Bezeichnet man die einzelnen systolischen Blutdruckwerte mit p_i und deren Durchschnitt mit $\bar{p}$ lautet die Formel für die Standardabweichung:

$$s = \sqrt{\frac{1}{n-1}\sum_{i=1}^{n}\left(p_i - \bar{p}\right)^2}$$

n ist die Gesamtzahl der in die Betrachtung einbezogenen Ursprungswerte, im Beispiel ist also n = 10.

Zur Berechnung von s muss der Durchschnitt $\bar{p}$ der gegebenen Werte bekannt sein. Man ermittelt ihn nach:

$$\bar{p} = \frac{1}{n}\sum_{i=1}^{n}p_i \quad \text{...was identisch ist mit ...} \quad \bar{p} = \frac{1}{n}\left(p_1 + p_2 + ... + p_n\right)$$

Lösungsweg:

$$\bar{p} = \frac{1}{n}\left(p_1 + p_2 + ... + p_n\right)$$

$$= \frac{1}{10}\left(122+125+120+122+123+118+120+118+122+126\right)\text{mmHg}$$

$$= \frac{1}{10}\cdot 1216\,\text{mmHg}$$

$$= 121{,}6\,\text{mmHg}$$

Nun kann für jeden der zehn Blutdruckwerte die Differenz $p_i - \bar{p}$ bzw. deren Quadrat $\left(p_i - \bar{p}\right)^2$ ermittelt werden:

i	1	2	3	4	5	6	7	8	9	10
p_i	122	125	120	122	123	118	120	118	122	126
$p_i - \bar{p}$	0,4	3,4	-1,6	0,4	1,4	-3,6	-1,6	-3,6	0,4	4,4
$(p_i - \bar{p})^2$	0,16	11,56	2,56	0,16	1,96	12,96	2,56	12,96	0,16	19,36

Nun sind alle $\left(p_i - \bar{p}\right)^2$ bekannt. Man beachte deren Maßeinheit mmHg^2.

Zur Ermittlung von s kann auf die Zahlenwerte und deren Maßeinheit das Wurzelgesetz $\sqrt[n]{a\cdot b} = \sqrt[n]{a}\cdot\sqrt[n]{b}$ angewendet werden. Man erhält:

$$s = \sqrt{\frac{1}{n-1}\sum_{i=1}^{n}\left(p_i - \bar{p}\right)^2}$$

$$= \sqrt{\frac{1}{10-1}\left(0{,}16+11{,}56+2{,}56+0{,}16+1{,}96+12{,}96+2{,}56+12{,}96+0{,}16+19{,}36\right)}$$

$$\cdot\sqrt{\text{mmHg}^2}$$

$$= \sqrt{\frac{1}{9}\cdot 64{,}4}\,\text{mmHg}$$

$$\approx 2{,}67\,\text{mmHg} \approx \underline{3\,\text{mmHg}}$$

Antwortsatz: Die gegebenen Blutdruckwerte weichen im Mittel um rund ± 3 mmHg von ihrem Durchschnitt ab.

8. Ziel: Gleichung nach der gesuchten Größe umstellen. Wurzelgesetze anwenden. Ergebnis runden. Prozentrechnung wiederholen.

a) Geg.:	$m = 50\,kg$	Körpermasse
	$l = 160\,cm$	Körpergröße
a) Ges.:	A	Körperoberfläche im m^2
a) Lsg.:		$$A = \sqrt{\frac{m}{kg} \cdot \frac{l}{cm}} \cdot 167{,}2\,cm^2$$ $$A = \sqrt{\frac{m}{kg}} \cdot \sqrt{\frac{l}{cm}} \cdot 167{,}2\,cm^2$$ $$A = \sqrt{50} \cdot \sqrt{160} \cdot 167{,}2\,cm^2$$ $$A \approx 7{,}07 \cdot 12{,}65 \cdot 167{,}2\,cm^2$$ $$A \approx 14918\,cm^2 \qquad 1cm = 0{,}01m = 10^{-2}m$$ $$A \approx 14918 \cdot \left(10^{-2}m\right)^2$$ $$A \approx 14918 \cdot 10^{-4}m^2$$ $$\underline{\underline{A \approx 1{,}49\,m^2}}$$
b) Geg.:	$G = 1{,}50\,m^2$	In Kapitel 2.4, Aufgabe 14, berechnete Körperoberfläche
	$W = 1{,}49\,m^2$	Nach obiger Gleichung berechnete Körperoberfläche
b) Ges.:	Δp	Prozentuale Abweichung der soeben berechneten von der in Kapitel 2.4, Aufgabe 14, ermittelten Körperoberfläche
b) Lsg.:		$$\frac{\Delta p}{100\,\%} = \frac{W-G}{G}$$ $$\Delta p = \frac{W-G}{G} \cdot 100\,\%$$ $$\Delta p = \frac{-0{,}01\,m^2}{1{,}50\,m^2} \cdot 100\,\%$$ $$\underline{\underline{\Delta p \approx -0{,}67\,\%}}$$
Antwortsatz:...		

9. Ziel: Gleichung nach der gesuchten Größe umstellen. Wurzelgesetze anwenden. Ergebnis runden.

Geg.:	$a_1 = 57{,}9$ Mill. km	Große Bahn-Halbachse von Merkur
	$a_2 = 228$ Mill. km	Große Bahn-Halbachse von Mars
	$T_2 = 687\,d$	Umlaufzeit von Mars
Ges.:	T_1	Umlaufzeit von Merkur
Lsg.:		$$\frac{T_1^{\,2}}{T_2^{\,2}} = \frac{a_1^{\,3}}{a_2^{\,3}}$$ Potenz- und Wurzelgesetz anwenden $$T_1^{\,2} = \frac{a_1^{\,3}}{a_2^{\,3}} \cdot T_2^{\,2}$$ $$T_1 = \sqrt{\frac{a_1^{\,3}}{a_2^{\,3}} \cdot T_2^{\,2}} = \sqrt{\left(\frac{a_1}{a_2}\right)^3} \cdot \sqrt{T_2^{\,2}}$$ $$T_1 = \sqrt{\left(\frac{57{,}9 \cdot 10^6\,km}{228 \cdot 10^6\,km}\right)^3} \cdot 687\,d$$ $$T_1 \approx 0{,}254^{\frac{3}{2}} \cdot 687\,d$$ $$\underline{\underline{T_1 \approx 88\,d}}$$
Antwortsatz:...		

10. Ziel: Nicht explizit gegebene Größen mit dem Tafelwerk bestimmen. Gleichung nach der gesuchten Größe umstellen. Wurzelgesetze anwenden.

Geg.:	T = 1h 45min	Umlaufzeit des Satelliten
Ges.:	h	Höhe der Satellitenumlaufbahn
Lsg.:	Ansatz:	G, m_E und r_E sind Konstanten, die dem Tafelwerk entnommen werden können:

Ansatz (Fortsetzung):

$G = 6{,}673 \cdot 10^{-11} \ m^3 \ kg^{-1} \ s^{-2}$

$m_E = 5{,}97 \cdot 10^{24} \ kg$

$r_E = 6{,}371 \cdot 10^3 \ km$

Da im Nenner der Maßeinheit von G die Sekunde s enthalten ist, empfiehlt es sich, die gegebene Umlaufzeit von Stunden in Sekunden umzurechnen:

1 h 45 min = 6300 s

Die gesuchte Umlaufhöhe h ist implizit im Radius r der gegebenen Gleichung enthalten. Dieser Radius bezieht sich auf den Erdmittelpunkt. Nachdem dieser Radius berechnet wurde, kann h bestimmt werden:

$r = r_E + h \rightarrow h = r - r_E$

Lösungsweg:

Gegebene Gleichung nach r^3 umstellen:

$$T = 2\pi \sqrt{\frac{r^3}{G \cdot m_E}}$$

$$\frac{T}{2\pi} = \sqrt{\frac{r^3}{G \cdot m_E}} \qquad | \ \text{beidseits Quadrieren}$$

$$\left(\frac{T}{2\pi}\right)^2 = \frac{r^3}{G \cdot m_E}$$

$$r^3 = G \cdot m_E \cdot \left(\frac{T}{2\pi}\right)^2$$

Gegebene Werte einsetzen. Es wird empfohlen, Zahlenwerte, Zehnerpotenzen und Maßeinheiten in separaten Faktoren zusammenzufassen:

$$r^3 = 6{,}673 \cdot 10^{-11} \ \frac{m^3}{kg \, s^2} \cdot 5{,}97 \cdot 10^{24} \ kg \cdot \left(\frac{6{,}3 \cdot 10^3 \ s}{2\pi}\right)^2$$

$$r^3 = 6{,}673 \cdot 5{,}97 \cdot \left(\frac{6{,}3}{2\pi}\right)^2 \cdot 10^{-11} \cdot 10^{24} \cdot \left(10^3\right)^2 \cdot \frac{m^3}{kg \, s^2} \cdot k$$

$$r^3 \approx 39{,}94 \cdot 10^{19} \cdot m^3$$

Die Maßeinheit ist die einer Länge. Das ist korrekt.
Durch Ziehen der dritten Wurzel kann r berechnet werden:

$$r \approx \sqrt[3]{39{,}94 \cdot 10^{19} \cdot m^3}$$

Man kann auf alle drei in der Wurzel stehenden Faktoren das Gesetz

$\sqrt[n]{a \cdot b} = \sqrt[n]{a} \cdot \sqrt[n]{b}$ anwenden. Man erhält:

$$r \approx \sqrt[3]{39{,}94} \cdot \sqrt[3]{10^{19}} \cdot \sqrt[3]{m^3}$$

Der zweite Faktor kann, wie gezeigt, noch einmal aufgeteilt werden, muss er aber nicht:

$$r \approx \sqrt[3]{39{,}94} \cdot \sqrt[3]{10} \cdot \sqrt[3]{10^{18}} \cdot \sqrt[3]{m^3}$$

$$r \approx 3{,}42 \cdot 2{,}15 \cdot 10^6 \ m \qquad | \ 10^6 = 10^3 \cdot 10^3$$

$$r \approx 7{,}36 \cdot 10^3 \cdot 10^3 \ m$$

$$r \approx 7360 \, km$$

Vom Erdmittelpunkt aus gesehen, fliegt der Satellit in einer Höhe von ca. 7360 km. Bezogen auf die Erdoberfläche kann man die Höhe der Umlaufbahn wie folgt berechnen (s. Ansatz, Punkt 3):

$h = r - r_E$

$h \approx 7360 \, km - 6371 \, km$

$h \approx 989 \, km$

Antwortsatz:...		

3.6 Logarithmen

3.6.1 pH-Wert

Die zu berechnenden Wasserstoffionenkonzentrationen sind grau hinterlegt.

pH	0	1	2	3	4	5	6	7	8	9	10	11	12	13	14
$H^+_{/mol/l}$	10^0	10^{-1}	10^{-2}	10^{-3}	10^{-4}	10^{-5}	10^{-6}	10^{-7}	10^{-8}	10^{-9}	10^{-10}	10^{-11}	10^{-12}	10^{-13}	10^{-14}

3.6.2 Lösungen der im Abschnitt 2.6.4 gestellten Aufgaben

1. Ziel: Umgang mit Logarithmen zur Basis 10, e und 2 üben. Verschiedene Umformungs- und Vereinfachungsmöglichkeiten praktizieren und vergleichen.
   Auch bei Logarithmen gibt es für die Vereinfachung mathematischer Terme meist mehrere Wege. Für die ersten vier Aufgaben werden zwei dieser Wege gezeigt.

Die Äquivalenz von $\log_a b = c$ und $a^c = b$ wird im Rahmen dieser Schrift durch $\log_a b = c \Leftrightarrow a^c = b$ symbolisiert. Wenn statt dessen in den Lösungswegen ein in nur einer Richtung weisender Pfeil erscheint, so soll dieser den „Werdegang" der Lösung veranschaulichen.

Weg 1	Weg 2
„Philosophie": Vereinfache unter Anwendung der Logarithmendefinition	„Philosophie": Vereinfache unter Anwendung von Logarithmengesetzen
$\log_a b = c \Leftrightarrow a^c = b$ $\lg 100 = c \Rightarrow 10^c = 100 = 10^2$ $\lg 100 = \underline{\underline{2}} \Leftarrow c = 2$	$\lg 100$ $= \lg 10^2$ | Logarithmengesetz $\log_a b^r = r \cdot \log_a b$ anwenden $= 2 \cdot \lg 10$ | $\log_a a = 1$ anwenden $= 2 \cdot 1$ $= \underline{\underline{2}}$
$\log_a b = c \Leftrightarrow a^c = b$ $\lg \dfrac{1}{100000} = c \Rightarrow 10^c = \dfrac{1}{100000} = 10^{-5}$ $\lg \dfrac{1}{100000} = \underline{\underline{-5}} \Leftarrow c = -5$	$\lg \dfrac{1}{100000}$ $= \lg 10^{-5}$ | Logarithmengesetz $\log_a b^r = r \cdot \log_a b$ anwenden $= (-5) \cdot \lg 10$ | $\log_a a = 1$ anwenden $= (-5) \cdot 1$ $= \underline{\underline{-5}}$
$\log_a b = c \Leftrightarrow a^c = b$ $\lg \sqrt{100} = c \Rightarrow 10^c = \sqrt{100} = 10^1$ $\lg \sqrt{100} = \underline{\underline{1}} \Leftarrow c = 1$	$\lg \sqrt{100}$ $= \lg 10$ | $\log_a a = 1$ anwenden $= \underline{\underline{1}}$

$\log_a b = c \iff a^c = b$ $\lg\sqrt{\dfrac{1}{100000}} = c \implies 10^c = \sqrt{\dfrac{1}{100000}} = 10^{-\frac{5}{2}}$ $\lg\sqrt{\dfrac{1}{100000}} = -\dfrac{5}{2} \impliedby c = -\dfrac{5}{2}$	$\lg\sqrt{\dfrac{1}{100000}}$ $= \lg 10^{-\frac{5}{2}} \quad \big\vert\ \text{Logarithmengesetz } \log_a b^r = r \cdot \log_a b$ $\qquad\qquad\qquad \text{anwenden}$ $= \left(-\dfrac{5}{2}\right)\cdot \lg 10 \quad \big\vert\ \log_a a = 1 \text{ anwenden}$ $= -\dfrac{5}{2}$

$\lg\dfrac{1}{100} = -2$	$\lg\sqrt{\dfrac{1}{100}} = -1$	$\lg 0{,}01 = -2$	$\lg 100^{-\frac{1}{2}} = -1$
$\ln e = 1$	$\ln\dfrac{1}{e} = -1$	$\ln\sqrt{e} = \dfrac{1}{2}$	$\ln\sqrt{\dfrac{1}{e}} = -\dfrac{1}{2}$
$\operatorname{ld} 2 = 1$	$\operatorname{ld} 2^{10} = 10$	$\operatorname{ld} 8 = 3$	$\operatorname{ld}\dfrac{1}{16} = -4$

2. Ziel: Umgang mit Logarithmen beliebiger Basen üben. Nicht definierte Logarithmen erkennen. Verschiedene Umformungs- und Vereinfachungsmöglichkeiten praktizieren und vergleichen.

> Die ersten vier Aufgaben wurden auf jeweils zwei verschiedenen Lösungswegen durchgerechnet. Beide Lösungswege basieren auf der Vereinfachung logarithmischer Terme unter Anwendung von Logarithmengesetzen. Wegen der Analogie zur Aufgabe 1, Weg 2, wurden sie mit Weg 2a bzw. 2b bezeichnet. Als Weg 1 ist auch hier die Vereinfachung unter Anwendung der Logarithmendefinition (s. Aufgabe 1) möglich.

Weg 2a	Weg 2b
„Philosophie": Vereinfache unter Anwendung des Logarithmengesetzes Weg 2b $\log_a b^r = r \cdot \log_a b$	„Philosophie": Vereinfache unter Anwendung des Logarithmengesetzes $\log_a b = \dfrac{\log_p b}{\log_p a}$

Weg 2a	Weg 2b
$\log_3 27$ $= \log_3 3^3$ | Logarithmengesetz $\log_a b^r = r \cdot \log_a b$ anwenden $= 3 \cdot \log_3 3$ | Definition $\log_a a = 1$ anwenden $= 3 \cdot 1 = \underline{\underline{3}}$	$\log_3 27$ | Logarithmengesetz $\log_a b = \dfrac{\log_p b}{\log_p a}$ mit $p = 10$ anwenden $= \dfrac{\lg 27}{\lg 3} = \dfrac{3 \cdot \lg 3}{\lg 3} = \underline{\underline{3}}$
$\log_4 64$ $= \log_4 4^3$ | Logarithmengesetz $\log_a b^r = r \cdot \log_a b$ anwenden $= 3 \cdot \lg_4 4$ | Definition $\log_a a = 1$ anwenden $= 3 \cdot 1 = \underline{\underline{3}}$	$\log_4 64$ | Logarithmengesetz $\log_a b = \dfrac{\log_p b}{\log_p a}$ mit $p = 10$ anwenden $= \dfrac{\lg 64}{\lg 4} = \dfrac{3 \cdot \lg 4}{\lg 4} = \underline{\underline{3}}$
$\log_8 \dfrac{1}{8}$ $= \log_8 8^{-1}$ | Logarithmengesetz $\log_a b^r = r \cdot \log_a b$ anwenden $= (-1) \cdot \lg_8 8$ | Definition $\log_a a = 1$ anwenden $= (-1) \cdot 1 = \underline{\underline{-1}}$	$\log_8 \dfrac{1}{8}$ | Logarithmengesetz $\log_a b = \dfrac{\log_p b}{\log_p a}$ mit $p = 10$ anwenden $= \dfrac{\lg \dfrac{1}{8}}{\lg 8} = \dfrac{(-1) \cdot \lg 8}{\lg 8} = \underline{\underline{-1}}$
$\log_5 0{,}04$ $= \log_5 \dfrac{1}{25}$ $= \log_5 5^{-2}$ | Logarithmengesetz $\log_a b^r = r \cdot \log_a b$ anwenden $= (-2) \cdot \lg_5 5$ | Definition $\log_a a = 1$ anwenden $= (-2) \cdot 1 = \underline{\underline{-2}}$	$\log_5 0{,}04$ | Logarithmengesetz $\log_a b = \dfrac{\log_p b}{\log_p a}$ mit $p = 10$ anwenden $= \dfrac{\lg 0{,}04}{\lg 5} = \dfrac{(-2) \cdot \lg 5}{\lg 5} = \underline{\underline{-2}}$

$\log_1 9$ Logarithmen zur Basis 1 sind nicht definiert.	$\log_9 1 = \underline{\underline{0}}$	$\log_4 \sqrt{16} = \underline{\underline{1}}$	$\log_4 \sqrt{16} = \underline{\underline{1}}$ Logarithmen mit negativen Numeri sind nicht definiert.

3. Ziel: Umgang mit Logarithmen beliebiger Basen üben. Günstige Umformungs- und Vereinfachungsmöglichkeiten durch Anwendung von Potenz- und Logarithmengesetzen erkennen.

Die ersten vier Aufgaben wurden auf einem der möglichen Lösungswege durchgerechnet. Für die weiteren Aufgaben wurde das Ergebnis genannt.

$\log_5 20 - \log_5 4$	$\lg 25 + \lg 4$
Bei dem hier gegebenen Zahlenmaterial empfiehlt es sich nicht, auf Minuend und Subtrahend das Logarithmengesetz $$\log_a b = \frac{\log_p b}{\log_p a}$$ anzuwenden. Effektiver wird vereinfacht mit: $$\log_a \frac{b_1}{b_2} = \log_a b_1 - \log_a b_2$$ Es wird gerechnet: $$\log_5 20 - \log_5 4 = \log_5 \frac{20}{4} = \log_5 5 = \underline{\underline{1}}$$	Diese Aufgabe kann analog zur nebenstehenden Aufgabe gelöst werden. Das anzuwendende Logarithmengesetz lautet: $$\log_a (b_1 \cdot b_2) = \log_a b_1 + \log_a b_2$$ Es wird gerechnet: $$\lg 25 + \lg 4 = \lg(25 \cdot 4) = \lg 100 = \lg 10^2 = \underline{\underline{2}}$$
$\ln e^2 - \ln e$	$\mathrm{ld}\,0{,}8 + \mathrm{ld}\,10$
Bei diesem Ausdruck kann man analog zur ersten Aufgabe $$\log_a \frac{b_1}{b_2} = \log_a b_1 - \log_a b_2$$ anwenden. Effektiv ist aber auch: $$\ln e^2 - \ln e = 2 \cdot \ln e - \ln e = \ln e = \underline{\underline{1}}$$	Das anzuwendende Logarithmengesetz lautet: $$\log_a (b_1 \cdot b_2) = \log_a b_1 + \log_a b_2$$ Es wird gerechnet: $$\mathrm{ld}\,0{,}8 + \mathrm{ld}\,10 = \mathrm{ld}(0{,}8 \cdot 10) = \mathrm{ld}\,8 = \mathrm{ld}\,2^3 = 3 \cdot \mathrm{ld}\,2 = \underline{\underline{3}}$$
$\log_3 \sqrt{27} - \log_3 \sqrt{3} = \underline{\underline{1}}$	$\lg 0{,}1 - \lg 0{,}01 = \underline{\underline{1}}$
$\ln e^2 - 2\ln e = \underline{\underline{0}}$	$\mathrm{ld}\,20 + \mathrm{ld}\,2{,}4 - \mathrm{ld}\,3 = \underline{\underline{4}}$

4. Ziel: Die Potenz- und Logarithmengesetze als notwendige Werkzeuge für das Lösen von logarithmischen Gleichungen begreifen. Auflösen von Gleichungen nach der gesuchten Größe wiederholen.

Für die erste Aufgabe wurden zwei Lösungswege angegeben, für die weiteren Aufgaben wurde einer der möglichen Lösungswege durchgerechnet. Um das individuelle Nachvollziehen der Aufgaben zu fördern, wurden verbale Erläuterungen Schritt für Schritt reduziert.

$\log_3 x = 5$

1. Gleichung in die Grundform $\log_a b = c$ überführen:

Gleichung $\log_3 x = 5$ liegt bereits in der Grundform $\log_a b = c$ vor

2. Grundform nach der gesuchten Größe umstellen und diese berechnen:

Weg 1:

Es gilt allgemein:
$$\log_a b = c \iff a^c = b$$

Bezogen auf die zu lösende Aufgabe heißt das:
$$\log_3 x = 5 \iff 3^5 = x$$

Weg 2:

Man wendet auf die linke Seite der Ausgangsgleichung folgende Definition an:
$$a^{\log_a b} = b$$

Bezogen auf die zu lösende Aufgabe heißt das:
$$3^{\log_3 x} = x$$

Damit die gegebene Gleichung eine Gleichung bleibt, muss auch deren rechte Seite, also die Zahl 5, als Exponent zur Basis 3 geschrieben werden. Es folgt:
$$3^{\log_3 x} = x = 3^5$$

3^5 kann im Kopf berechnet werden:
$$3^5 = 243 \ \rightarrow \ x = 243$$

3^5 kann im Kopf berechnet werden:
$$3^5 = 243 \ \rightarrow \ x = 243$$

3. Prüfen, ob der Logarithmand mit der ermittelten Lösung den vereinbarten Definitionsbereich erfüllt:

$x = 243 > 0 \ \rightarrow \ $ Logarithmand ist zulässig

4. Prüfen, ob die ermittelte Lösung die Ausgangsgleichung erfüllt:
$$\log_3 243 = \log_3 3^5 = 5 \cdot 1 = 5$$

5. Lösungsmenge angeben:
$$\mathscr{L} = \{243\}$$

$\log_4 (5x - 4) = 2$

1. Gleichung in die Grundform $\log_a b = c$ überführen:

Gleichung $\log_4 (5x - 4) = 2$ liegt bereits in der Grundform $\log_a b = c$ vor. Es ist $b = 5x - 4$.

2. Grundform nach der gesuchten Größe umstellen und diese berechnen:

Es gilt allgemein:

$$\log_a b = c \iff a^c = b$$

Bezogen auf die zu lösende Aufgabe heißt das:

$$\log_4 (5x - 4) = 2 \iff 4^2 = 5x - 4$$

Die rechts stehende Gleichung kann nach x umgestellt und gelöst werden:

$4^2 = 5x - 4$

$16 = 5x - 4$

$5x = 20$

$x = 4$

3. Prüfen, ob der Logarithmand mit der ermittelten Lösung den vereinbarten Definitionsbereich erfüllt:

$\log_4 (5 \cdot 4 - 4) = \log_4 16$ $16 > 0 \rightarrow$ Logarithmand ist zulässig

4. Prüfen, ob die ermittelte Lösung die Ausgangsgleichung erfüllt:

$\log_4 (5 \cdot 4 - 4) = \log_4 16 = \log_4 4^2 = 2 \cdot \log_4 4 = 2 \rightarrow 2 = 2$

5. Lösungsmenge angeben:

$\mathscr{L} = \{4\}$

$\lg \sqrt{5x} = \dfrac{1}{2}$

1. Gleichung in die Grundform überführen:

Die Grundform liegt bereits vor. Es ist $b = \sqrt{5x}$. Allerdings kann durch Anwenden der Definition

$\sqrt[q]{a^p} = a^{\frac{p}{q}}$ der Radikant und die ganze Gleichung in eine „bequemere" Form gebracht werden: .

$\lg (5x)^{\frac{1}{2}} = \dfrac{1}{2}$

Die Vereinfachung dieser Gleichung führt zu $\lg (5x) = 1$. Es ist $b = 5x$.

2. Grundform nach der gesuchten Größe umstellen und diese berechnen:

$$\lg (5x) = 1 \iff 10^1 = 5x$$

Die rechts stehende Gleichung kann nach x umgestellt und gelöst werden:

$10^1 = 5x$

$x = 2$

3. Prüfen, ob nach Einsetzen von x der in der Ausgangsgleichung stehende Logarithmand positiv ist:

$\lg \sqrt{5 \cdot 2} = \lg \sqrt{10}$ $\sqrt{10} \rightarrow$ Logarithmand ist zulässig

4. Prüfen, ob die ermittelte Lösung die Ausgangsgleichung erfüllt:

$\lg \sqrt{5 \cdot 2} = \lg \sqrt{10} = \lg 10^{\frac{1}{2}} = \dfrac{1}{2} \cdot \lg 10 = \dfrac{1}{2} \cdot 1 = \dfrac{1}{2} \rightarrow \dfrac{1}{2} = \dfrac{1}{2}$

5. Lösungsmenge angeben:

$\mathscr{L} = \{2\}$

$$\lg x^2 = \lg(2x-10)+1$$

1. Gleichung in die Grundform $\log_a b = c$ überführen:

$$\lg x^2 = \lg(2x-10)+1$$
$$\lg x^2 - \lg(2x-10) = 1$$
$$\lg \frac{x^2}{(2x-10)} = 1$$

Damit ist die Grundform erreicht. Es ist b = $\frac{x^2}{2x-10}$

2. Grundform nach der gesuchten Größe umstellen und diese berechnen:

$$\lg \frac{x^2}{2x-10} = 1 \Leftrightarrow 10^1 = \frac{x^2}{2x-10}$$

Nach Umstellen erhält man folgende quadratische Gleichung in Normalform:

$$x^2 + 20x - 100 = 0$$

Diese hat die Doppellösung $x_{1/2} = x = 10$.

3. Prüfen, ob nach Einsetzen von x die in der Ausgangsgleichung stehenden Logarithmanden positiv sind:

$\lg 10^2 \quad 100 > 0$, $\quad \lg(2\cdot10-10) = \lg 10 \quad 10 > 0 \quad \rightarrow \quad$ Logarithmanden sind zulässig

4. Prüfen, ob die ermittelte Lösung die Ausgangsgleichung erfüllt.

$$\lg 10^2 = \lg(2\cdot10-10)+1$$
$$2\lg 10 = \lg 10 + 1 \rightarrow 2 = 2$$

5. Lösungsmenge angeben:

$$\mathscr{L} = \{10\}$$

$$5\lg x = 10\lg 4$$

1. Gleichung in die Grundform $\log_a b = c$ überführen:

$$\lg x = 2\lg 4$$
$$\lg x = \lg 4^2$$
$$\lg x = \lg 16$$

2. Grundform nach der gesuchten Größe umstellen und diese berechnen:
Dieser Schritt kann im vorliegenden Fall durch einen beidseitigen Vergleich der Logarithmanden vereinfacht werden:

$$\lg x = \lg 16$$
$$x = 16$$

3. Prüfen, ob nach Einsetzen von x der in der Ausgangsgleichung stehende Logarithmand positiv ist:

$\lg 16 \quad 16 > 0$, $\rightarrow$ Logarithmand ist zulässig

4. Prüfen, ob die ermittelte Lösung die Ausgangsgleichung erfüllt:

$$5\lg 16 = 5\lg 4^2 = 5\cdot2\lg 4 = 10\lg 4 \rightarrow 10\lg 4 = 10\lg 4$$

5. Lösungsmenge angeben:

$$\mathscr{L} = \{16\}$$

$\text{ld}12^x - \text{ld}6^x = 1$

1. Gleichung in die Grundform $\log_a b = c$ überführen:

$$\text{ld}\frac{12^x}{6^x} = 1$$

$$\text{ld}\left(\frac{12}{6}\right)^x = 1$$

$$\text{ld}2^x = 1$$

2. Grundform nach der gesuchten Größe umstellen und diese berechnen:

$$x \cdot \text{ld}2 = 1$$

$$x = \frac{1}{\text{ld}2}$$

$$x = 1$$

3. Prüfen, ob nach Einsetzen von x die in der Ausgangsgleichung stehenden Logarithmanden positiv sind:

$\text{ld}\,12^1 \quad 12 > 0, \quad \text{ld}\,6^1 \quad 6 > 0 \quad \rightarrow \quad$ Logarithmanden sind zulässig

4. Prüfen, ob die ermittelte Lösung die Ausgangsgleichung erfüllt:

$$\text{ld}12^1 - \text{ld}6^1 = \text{ld}\frac{12}{6} = \text{ld}2 = 1 \quad \rightarrow \quad 1 = 1$$

5. Lösungsmenge angeben:

$$\mathscr{L} = \{1\}$$

$\log_5(x+75) - \log_5(0,1x) = 2$

1. $$\log_5\frac{x+75}{0,1x} = 2$$

2. $$\log_5\frac{x+75}{0,1x} = 2 \quad \Leftrightarrow \quad 5^2 = \frac{x+75}{0,1x}$$

$$25 = \frac{x+75}{0,1x}$$

$$2,5x = x+75$$

$$1,5x = 75$$

$$x = 50$$

3. $\log_5(50+75) \quad 125 > 0, \quad \log_5(0,1 \cdot 50) \quad 5 > 0 \quad \rightarrow \quad$ Logarithmanden sind zulässig

4. $\log_5(50+75) - \log_5(0,1 \cdot 50) = \log_5\dfrac{125}{5} = \log_5 25 = 2 \quad \rightarrow \quad 2 = 2$

5. $\mathscr{L} = \{50\}$

$$3-\log_4(8-x)=\log_4\frac{64}{x}$$

1. $3=\log_4\dfrac{64}{x}+\log_4(8-x)$

   $\log_4\dfrac{64(8-x)}{x}=3$

2. $\log_4\dfrac{64(8-x)}{x}=3 \iff 4^3=\dfrac{64(8-x)}{x}$

   $64=\dfrac{64(8-x)}{x}$

   $1=\dfrac{(8-x)}{x}$

   $x=8-x$

   $2x=8$

   $x=4$

3. $\log_4(8-4)$ $4>0$, $\log_4\dfrac{64}{4}$ $16>0$

4. Linke Seite: $3-\log_4(8-x)=3-\log_4(8-4)=3-\log_4 4=3-1=2$

   Rechte Seite: $\log_4\dfrac{64}{4}=\log_4 16=\log_4 4^2=2\cdot\log_4 4=2\cdot 1=2$

   $2=2$.

5. $\mathscr{L}=\{4\}$

---

5. Ziel: Zu einem gegebenen Argumentwert den Funktionswert bestimmen. Anwenden Vorsatzsilben anwenden. Ergebnis runden.

Geg.:	$H^+=12{,}6$ nmol/l	Wasserstoffionenkonzentration
Ges.:	pH	pH-Wert
Lsg.:		

$$pH=-\lg\left(\frac{H^+}{mol/l}\right)$$

$$pH=-\lg\left(\frac{12{,}6\,nmol/l}{mol/l}\right) \quad \mid \text{ Nano } n\equiv 10^{-9}$$

$$pH=-\lg(12{,}6\cdot 10^{-9}) \quad \mid \lg(a\cdot b)=\lg a+\lg b$$

$$pH=-(\lg 12{,}6+(-9)\cdot\lg 10)$$

$$\underline{\underline{pH\approx 7{,}9}}$$

Antwortsatz:...

6. Ziel: Zu einem gegebenen Funktionswert den zugehörigen Argumentwert bestimmen. Hierzu die logarithmische Funktionsgleichung nach der unabhängigen Variable auflösen. Vorsatzsilben anwenden. Ergebnis runden.

Geg.:	pH = 1,5	pH-Wert von unvermischtem Magensaft
Ges.:	H^+	Wasserstoffionenkonzentration in unvermischtem Magensaft in mmol/l

Lsg.:

Gegeben ist ein pH-Wert. Dieser ist lt. Definition

$$pH = -\lg\left(\frac{H^+}{mol/l}\right)$$

eine logarithmische Größe. Das Produkt aus pH-Wert und (-1) entspricht in der Formel

$$\log_a b = c$$

dem „c". Die Basis a entspricht der Zahl 10. Das gesuchte H^+ entspricht obigem b (bzw. der Unbekannten x im Logarithmanden der in Aufgabengruppe 4 zu lösenden Gleichungen).

Der Lösungsweg des vorliegenden Sachverhaltes orientiert sich an der Logarithmusdefinition. Man vergleiche:

$$\log_a b = c$$

$$\log_a b = c \iff a^c = b$$

$$-\lg\left(\frac{H^+}{mol/l}\right) = pH$$

$$\lg\left(\frac{H^+}{mol/l}\right) = -pH \iff 10^{-1,5} = \frac{H^+}{mol/l}$$

$$H^+ = 10^{-1,5}\, mol/l$$

Bei derartigem Zahlenmaterial ist der Einsatz des Taschenrechners sinnvoll. Man erhält nach Umrechnung von mol/l in mmol/l:

$$H^+ \approx 32\, mmol/l$$

Antwortsatz:...

7. Ziel: Zu gegebenen Argumentwerten die Funktionswerte bestimmen. Ergebnisse runden. Graphische Darstellungen mit linear und logarithmisch geteilten Skalen bewerten.

Geg.:	TSH_u = 0,3 mU/l	Untergrenze des TSH-Referenzbereiches								
	TSH_o = 3,5 mU/l	Obergrenze des TSH-Referenzbereiches								
	TSH (mU/l)	0,3	0,5	0,6	0,7	1,0	1,3	1,5	2	3,5
	Anzahl Stichproben	2	3	5	8	10	8	5	3	2
Ges.:	tsh_u	Untergrenze des TSH-Referenzbereiches in logarithmischer Angabe								
	tsh_o	Obergrenze des TSH-Referenzbereiches in logarithmischer Angabe								

a) Lsg.: Ansatz:

Lt. Aufgabenstellung liegen die gegebenen TSH-Werte auf einer logarithmisch geteilten Abszisse mit dezimalen Maßzahlen. Die für die Unter- und Obergrenze des Referenzbereiches gegebenen Werte sollen in Logarithmen umgewandelt werden. Laut Formel

$$\log_a b = c$$

ist also das „c" gesucht. Bezogen auf diese Aufgabe seien für c die Symbole tsh_u und tsh_o vereinbart. Der Logarithmand b entspricht den gegebenen TSH_u bzw. TSH_o. Basis ist die Zahl 10. Aus der obigen allgemeinen Gleichung wird somit:

$$\lg TSH_u = tsh_u \qquad\qquad \lg TSH_o = tsh_o$$

Logarithmen sind dimensionslose Zahlen und werden aus dimensionslosen Logarithmanden ermittelt. TSH_u und TSH_o besitzen jedoch eine Maßeinheit, nämlich mU/l. Um diese Maßeinheit zu eliminieren, werden TSH_u und TSH_o auf mU/l bezogen. Man erhält:

$$\lg\left(\frac{TSH_u}{mU/l}\right) = tsh_u \qquad\qquad \lg\left(\frac{TSH_o}{mU/l}\right) = tsh_o$$

Die Logarithmen von TSH_u und TSH_o können nun ermittelt werden:

Lösungsweg:

$$\lg\frac{TSH_u}{mU/l} = tsh_u \qquad\qquad \lg\frac{TSH_o}{mU/l} = tsh_o$$

$$\lg\frac{0{,}3\,mU/l}{mU/l} = tsh_u \qquad\qquad \lg\frac{3{,}5\,mU/l}{mU/l} = tsh_o$$

$$tsh_u = \lg 0{,}3 \qquad\qquad tsh_o = \lg 3{,}5$$

$$\underline{\underline{tsh_u \approx -0{,}52}} \qquad\qquad \underline{\underline{tsh_o \approx 0{,}54}}$$

Antwortsatz:...

b), c) Beide Darstellungen gegenüberstellen:

Lsg:

TSH (mU/l)	0,3	0,5	0,6	0,7	1,0	1,3	1,5	2	3,5
Anzahl Stichproben	2	3	5	8	10	8	5	3	2

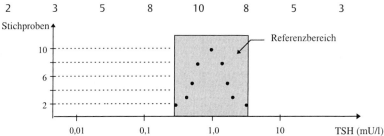

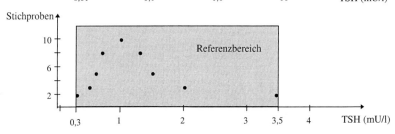

Bewertung:

Bei linearer Teilung der x-Achse erkennt man, dass die Dichte der gegebenen Werte vom unteren zum oberen Referenzbereich stark abnimmt (linksschiefe Verteilung). Bei logarithmischer Teilung kann aus der Lage der gegebenen Wertepaare (TSH, Anzahl Stichproben) auf eine GAUß-Verteilung geschlossen werden. (Statistische Gesichtspunkte werden im Rahmen dieser Aufgabensammlung nicht näher beleuchtet.)

8. Ziel: Zu einem gegebenen Argumentwert den Funktionswert bestimmen. Prozentrechnung anwenden.

Geg.:	$I = 1\,\%$ von $I_0 = 0{,}01\,I_0$	Intensität der vom Röntgenfilm durchgelassenen Strahlung in Prozent der einfallenden Strahlungsintensität
Ges.:	S	Schwärzung
Lsg:		$1\,\%$ von $I_0 \rightarrow 0{,}01\,I_0$ $$S = \lg \frac{I_0}{I}$$ $$S = \lg \frac{I_0}{0{,}01 I_0}$$ $$S = \lg 100 = \lg 10^2$$ $$S = 2 \cdot \lg 10$$ $$\underline{\underline{S = 2}}$$
Antwortsatz:...		

9. Ziel: Zu gegebenen Funktionswerten die zugehörigen Argumentwerte bestimmen. Hierzu die logarithmische Funktionsgleichung nach der unabhängigen Variable auflösen. Zahlenwerte in Prozent umwandeln.

Geg.:	$S_{min} = 0{,}5$	Minimale Schwärzung
	$S_{max} = 2{,}2$	Maximale Schwärzung
Ges.:	I_{min}	durchgelassene Strahlungsintensität bei minimaler Schwärzung
	I_{max}	durchgelassene Strahlungsintensität bei maximaler Schwärzung
Lsg.:		Um die gesuchten Werte ermitteln zu können, muss die lt. Aufgabenstellung gegebene Formel nach I umgestellt werden: $$\lg \frac{I_0}{I} = S \quad \Leftrightarrow \quad 10^S = \frac{I_0}{I}$$ $$I = \frac{I_0}{10^S}$$ Die gesuchten Werte können nun berechnet werden: Strahlungsintensität bei minimaler Schwärzung: $$I_{min} = \frac{I_0}{10^{0{,}5}}$$ $$\underline{I_{min} \approx 0{,}32 \cdot I_0 \rightarrow 32\%}$$ Strahlungsintensität bei maximaler Schwärzung: $$I_{max} = \frac{I_0}{10^{2{,}2}}$$ $$\underline{I_{max} \approx 0{,}0063 \cdot I_0 \rightarrow 0{,}63\%}$$
Antwortsatz:...		

10. Ziel: Zu gegebenen Argumentwerten den Funktionswert bestimmen. Ergebnis bewerten.

Geg.:	c_i = 160 mmol/l	intrazelluläre Ionenkonzentration K$^+$
	c_e = 4,5 mmol/l	extrazelluläre Ionenkonzentration K$^+$
Ges.:	U	Membranpotenzial in Millivolt
Lsg.:		a) $$U = 58\,mV \cdot lg\,\frac{c_e{}^+}{c_i{}^+}$$ $$U = 58\,mV \cdot lg\,\frac{4,5\,mmol/l}{160\,mmol/l}$$ $$U \approx 58\,mV \cdot lg\,0,028$$ $$\underline{\underline{U \approx -90\,mV}}$$ Zur Interpretation des negativen Vorzeichens: Bezugspunkt für die Messung des Membranpotenzials ist der Extrazellulärraum. Intra- und Extrazellulärraum sind für sich betrachtet elektrisch neutral. Wegen der Permeabilität der Zellmembran und aufgrund ihres vom Zellinneren zum Zelläußeren gerichteten Konzentrationsgefälles diffundieren positiv geladene Kaliumionen in den Extrazellulärraum. Ihre Anzahl im Zellinneren nimmt somit ab, im Zelläußeren zu. Dies hat zur Folge, dass die elektrische Neutralität, die im Zellinnen- und außenraum bestanden hat, gestört wird. Im Zellinneren überwiegen nun negativ geladene, im Zelläußeren positiv geladene Ionen. Folge ist, dass über der Zellmembran ein negatives elektrisches Potenzial gemessen wird. Genau dies wird in obigem Ergebnis durch das negative Vorzeichen zum Ausdruck gebracht. b) Das obige Ergebnis stimmt gut mit dem in der Aufgabenstellung gegebenen Wert überein und ist korrekt.
Der Antwortsatz ist mit der in b) erfolgten Bewertung abgegolten.		

3.7 Exponentialfunktionen

1. Ziel: Aufstellen und Lösen einer Exponentialgleichung. Logarithmengesetze anwenden. Prozentrechnung wieder holen.

a) Geg.:	I_0	Anfangsintensität der 80 kV-Nutzstrahlung
	a = 0,11	Abnahmefaktor
	d = 0,35 mm	Bleidicke
	D = 0,25 mm	Bleidicke, die die Strahlung **auf** 11 % ihrer Anfangsintensität herabsetzt (Beobachtungsintervall)
a) Ges.:	I (0,35 mm)	Restintensität der 80 kV-Nutzstrahlung nach 0,35 mm Blei
a) Lsg.:	Ansatz:	Bei Fragestellungen dieser Art geht es darum, eine physikalische Größe in Anteilen ihres Anfangswertes auszudrücken. Es geht nicht um ein Ergebnis in der Form < Zahlenwert · Maßeinheit > Ausgangspunkt ist die Funktionsgleichung: $$I(d) = I_0 \cdot 0,11^{\frac{d}{0,25mm}}$$ Lt. Aufgabenstellung ist lediglich „I_0" statt I_0 = < Zahlenwert · Maßeinheit > gegeben. Da nur **Anteile** von I_0 betrachtet werden, aber keine konkreten Werte/Maßeinheiten, kann I_0 als „ein Ganzes" (bzw. 100 %) und damit in dieser Form als gegeben angesehen werden.

Lösung:		Um die Restintensität I(d) in Anteilen der Anfangsintensität I_0 darzustellen, wird d in obige Funktionsgleichung eingesetzt. Man erhält:

$$I(0,35\,mm) = I_0 \cdot 0,11^{\frac{0,35\,mm}{0,25\,mm}}$$

$$I(0,35\,mm) = I_0 \cdot 0,11^{1,4}$$

$$I(0,35\,mm) \approx I_0 \cdot 0,05 \qquad | \text{ lt. Aufgabenstellung auf Hundertstel gerundet}$$

$$\underline{\underline{I(0,35\,mm) \approx \frac{1}{20} \cdot I_0}}$$

Interpretation: Die Restintensität beträgt nach 0,35 mm Blei 1/20 der Anfangsintensität. Wie groß die Anfangsintensität dem Betrage nach tatsächlich ist, spielt hierbei keine Rolle. (Annahme: die Anfangsintensität habe für den beschriebenen Sachverhalt „vertretbare" Werte)

Um die Restintensität in Prozent der Anfangsintensität auszudrücken, kann man folgende Verhältnisgleichung aufstellen:

$$\frac{I_0}{100\%} = \frac{0,05\,I_0}{x}$$

$$x = \frac{0,05\,I_0}{I_0} \cdot 100\%$$

$$\underline{\underline{x = 5\%}}$$

b) Geg.:	I_0	Anfangsintensität der 80 kV-Nutzstrahlung
	$\Delta p = 70\%$	Prozentsatz, **um** den die Anfangsintensität gesunken ist
	a = 0,11	Abnahmefaktor
	D = 0,25 mm	Bleidicke, die die Strahlung **auf** 11% ihrer Anfangsintensität herabsetzt (Beobachtungsintervall)
b) Ges.:	d	Bleidicke, die eine Abnahme der Strahlungsintensität **um** 70% des Anfangswertes bewirkt
b) Lsg.:	Ansatz:	Ausgangspunkt ist die Funktionsgleichung

$$I(d) = I_0 \cdot 0,11^{\frac{d}{0,25\,mm}}$$

Um die gesuchte Bleidicke ermitteln zu können, müssen vier Größen bekannt sein: I(d), I_0, a und D.

Zu a und D: Sie sind explizit gegeben.

Zu I_0: Da lt. Aufgabenstellung nur **Anteile** von I_0 betrachtet werden, aber keine konkreten Werte/Maßeinheiten, kann I_0 als „ein Ganzes" (bzw. 100 %) und damit in dieser Form als gegeben angesehen werden.

Zu I(d): Sie kann über den gegebenen Prozentsatz von 70 % in Anteilen von I_0 ausgedrückt werden. Man erhält I(d), indem man von I_0 den Intensitätswert, **um** den die Anfangsintensität gesunken ist, abzieht:

$$I(d) = I_0 - \Delta I = I_0 - 0,7\,I_0 = 0,3\,I_0$$

Dieser Wert wird in die Funktionsgleichung eingesetzt:

Lösung:

$$0{,}3 I_0 = I_0 \cdot 0{,}11^{\frac{d}{0{,}25\text{mm}}} \quad | \; :I_0$$

$$0{,}3 = 0{,}11^{\frac{d}{0{,}25\text{mm}}} \quad | \; \text{beidseits logarithmieren}$$

$$\lg 0{,}3 = \lg 0{,}11^{\frac{d}{0{,}25\text{mm}}} \quad | \; \log_a b^r = r \cdot \log_a b \; \text{anwenden}$$

$$\lg 0{,}3 = \frac{d}{0{,}25\text{mm}} \cdot \lg 0{,}11 \quad | \; :\lg 0{,}11$$

$$\frac{\lg 0{,}3}{\lg 0{,}11} = \frac{d}{0{,}25\text{mm}} \quad | \; d \; \text{isolieren}$$

$$d = \frac{\lg 0{,}3}{\lg 0{,}11} \cdot 0{,}25\text{mm} \quad | \; d \; \text{berechnen}$$

$$d \approx 0{,}55 \cdot 0{,}25\text{mm}$$

$$\underline{\underline{d \approx 0{,}14\text{mm}}}$$

Hinweis: An Stellen wie „ $d = \dfrac{\lg 0{,}3}{\lg 0{,}11} \cdot 0{,}25\text{mm}$ " sollte man für den Quotienten die dem Taschenrechner mögliche Genauigkeit beibehalten, nachfolgend mit 0,25mm das Produkt bilden und erst dann runden.

Antwortsatz:...

2. Ziel: Exponentialgleichung aufstellen und lösen. Logarithmengesetze anwenden. Prozentrechnung wiederholen.

a) Geg.:	T = 1,8 h	Halbwertszeit von ^{18}F (Beobachtungsintervall) als einzige explizit gegebene Größe. Weitere Größen sind implizit gegeben. Man vergleiche hierzu mit dem Ansatz.
a) Ges.:		Funktionsgleichung A(t) = f(t)
a) Lsg.:	Ansatz:	Exponentialfunktion allgemein: $y = C \cdot a^x$
		Unabhängige Variable: Zeit t. Bezugsgröße der unabhängigen Variablen: die gegebene Halbwertszeit T. Damit entspricht der Quotient t/T dem x.
		Abhängige Variable: Aktivität A(t), sie entspricht y.
		Anfangswert: Anfangsaktivität A_0, sie entspricht C. Da lt. Aufgabenstellung nur **Anteile** von A_0 betrachtet werden, aber keine konkreten Werte/Maßeinheiten, kann A_0 als „ein Ganzes" (oder auch 100 %) und damit in dieser Form als gegeben angesehen werden.
		Abnahmefaktor: Lt. der für diese Aufgabensammlung festgelegten Definition
		„Der Wachstums-/Abnahmefaktor beschreibt den Anteil der zu untersuchenden Größe, **auf** den diese innerhalb eines bestimmten Beobachtungsintervalls steigt oder sinkt"
		ist a = 0,5. Denn auf diesen Anteil sinkt die Aktivität innerhalb der Halbwertszeit T, die in dieser Aufgabe das „Beobachtungsintervall" repräsentiert.
	Lösung:	$$A(t) = A_0 \cdot 0{,}5^{\frac{t}{1{,}8\text{h}}}$$
b) Geg.:	A_0	Anfangsaktivität von ^{18}F
	a = 0,5	Abnahmefaktor
	t = 8 h	Zeit, zu welcher die Restaktivität gesucht ist
	T = 1,8 h	Halbwertszeit von ^{18}F (Beobachtungsintervall)
b) Ges.:	A(8 h)	Restaktivität von ^{18}F nach acht Stunden
b) Lsg.:		$$A(t) = A_0 \cdot 0{,}5^{\frac{t}{1{,}8\text{h}}}$$ $$A(8\text{h}) = A_0 \cdot 0{,}5^{\frac{8\text{h}}{1{,}8\text{h}}}$$ $$A(8\text{h}) \approx A_0 \cdot 0{,}5^{4{,}44}$$ $$\underline{A(8\text{h}) \approx 0{,}046 \cdot A_0} \quad \rightarrow \quad \underline{A(8\text{h}) \approx 4{,}6\% \; \text{von} \; A_0}$$

c) Geg.:	A_0	Anfangsaktivität von ^{18}F
	p = 20 %	Prozentsatz, **auf** den die Anfangsaktivität in einer Zeit t abgesunken ist
	a = 0,5	Abnahmefaktor
	T = 1,8 h	Halbwertszeit von ^{18}F (Beobachtungsintervall)
c) Ges.:	t	Zeit, in der die Aktivität **auf** 20 % ihres Anfangswertes abgesunken ist
c) Lsg.:	Ansatz:	$A(t) = 20\% \cdot A_0 = 0,2 A_0$
	Lösung:	$0,2 A_0 = A_0 \cdot 0,5^{\frac{t}{1,8h}} \quad \mid \; :A_0$
		$0,2 = 0,5^{\frac{t}{1,8h}} \quad \mid \; \text{beidseits logarithmieren}$
		$\lg 0,2 = \lg 0,5^{\frac{t}{1,8h}}$
		$\lg 0,2 = \dfrac{t}{1,8h} \cdot \lg 0,5 \quad \mid \; :\lg 0,5$
		$\dfrac{\lg 0,2}{\lg 0,5} = \dfrac{t}{1,8h} \quad \mid \; \cdot 1,8h$
		$t = \dfrac{\lg 0,2}{\lg 0,5} \cdot 1,8h$
		$t \approx 2,32 \cdot 1,8h$
		$\underline{\underline{t \approx 4,18h}}$
Antwortsatz:...		

3. Ziel: Exponentialgleichung aufstellen und lösen. Logarithmengesetze anwenden. Prozentrechnung wiederholen.

a) Geg.:	T = 13 h	Halbwertszeit von ^{123}J (Beobachtungsintervall) als einzige explizit gegebene Größe. Weitere Größen sind implizit gegeben. Man vergleiche hierzu mit dem Ansatz.
a) Ges.:		Funktionsgleichung A(t) = f(t)
a) Lsg.:	Ansatz:	Exponentialfunktion allgemein: $y = C \cdot a^x$
		Unabhängige Variable: Zeit t. Bezugsgröße der unabhängigen Variablen: die gegebene Halbwertszeit T. Damit entspricht der Quotient t/T dem x.
		Abhängige Variable: Aktivität A(t), sie entspricht y.
		Anfangswert: Anfangsaktivität A_0, sie entspricht C. Da lt. Aufgabenstellung nur Anteile von A_0 betrachtet werden, aber keine konkreten Werte/Maßeinheiten, kann A_0 als „ein Ganzes" (oder auch 100 %) und damit in dieser Form als gegeben angesehen werden.
		Abnahmefaktor: Lt. der für diese Aufgabensammlung festgelegten Definition
		„Der Wachstums-/Abnahmefaktor beschreibt den Anteil der zu untersuchenden Größe, **auf** den diese innerhalb eines bestimmten Beobachtungsintervalls steigt oder sinkt"
		ist a = 0,5. Denn auf diesen Anteil sinkt die Aktivität innerhalb der Halbwertszeit T, die in dieser Aufgabe das „Beobachtungsintervall" repräsentiert.
	Lösung:	$A(t) = A_0 \cdot 0,5^{\frac{t}{13h}}$
b) Geg.:	A_0	Anfangsaktivität von ^{123}J
	a = 0,5	Abnahmefaktor
	t = 8 h	Zeit, zu welcher die Restaktivität gesucht ist
	T = 13 h	Halbwertszeit von ^{123}J (Beobachtungsintervall)
b) Ges.:	A(8 h)	Restaktivität von ^{123}J nach acht Stunden
b) Lsg.:		$A(t) = A_0 \cdot 0,5^{\frac{t}{13h}}$
		$A(8h) = A_0 \cdot 0,5^{\frac{8h}{13h}}$
		$A(8h) \approx A_0 \cdot 0,5^{0,62}$
		$\underline{\underline{A(8h) \approx 0,65 \cdot A_0}} \;\rightarrow\; \underline{\underline{A(8h) \approx 65\% \text{ von } A_0}}$

c) Geg.:	A_0	Anfangsaktivität von ^{123}J
	$\Delta p = 40\%$	Prozentsatz, **um** den die Anfangsaktivität in einer Zeit t abgesunken ist
	$a = 0,5$	Abnahmefaktor
	$T = 13\,h$	Halbwertszeit von ^{123}J (Beobachtungsintervall)
c) Ges.:	t	Zeit, in der die Aktivität **um** 40 % ihres Anfangswertes abgesunken ist

| c) Lsg.: | Ansatz: | Die Zeit, in der die Aktivität **um** 40 % ihres Anfangswertes abgesunken ist, entspricht der Zeit, in der die Aktivität **auf** 60 % ihres Anfangswertes abfällt. Damit ist |

$$A(t) = A_0 - \Delta A = A_0 - 0,4A_0 = 0,6A_0$$

Dieser Wert wird in die Funktionsgleichung eingesetzt:

Lösung:

$$0,6A_0 = A_0 \cdot 0,5^{\frac{t}{13h}}$$

$$0,6 = 0,5^{\frac{t}{13h}}$$

$$\lg 0,6 = \lg 0,5^{\frac{t}{13h}}$$

$$\lg 0,6 = \frac{t}{13h} \cdot \lg 0,5$$

$$\frac{\lg 0,6}{\lg 0,5} = \frac{t}{13h}$$

$$t = \frac{\lg 0,6}{\lg 0,5} \cdot 13h$$

$$t \approx 0,74 \cdot 13h$$

$$\underline{\underline{t \approx 9,6h}}$$

Antwortsatz:...

4. Ziel: Exponentialgleichung aufstellen und lösen. Denselben physikalischen Sachverhalt unter Verwendung verschiedener Abnahmefaktoren vergleichend berechnen. Logarithmengesetze anwenden. Prozentrechnung wiederholen.

a) Geg.:	$T = 12\,h$	Zeit, zu der eine Restaktivität von 25 % der Anfangsaktivität registriert wurde (Beobachtungsintervall)
	$p = 25\%$	Prozentsatz, **auf** den die Anfangsaktivität in dieser Zeit T abgesunken ist
a) Ges.:		Funktionsgleichung A(t) = f(t)

| a) Lsg.: | Ansatz: | Exponentialfunktion allgemein: $y = C \cdot a^x$ |

Unabhängige Variable: Zeit t. Bezugsgröße der unabhängigen Variablen **ist in dieser Aufgabe nicht die Halbwertszeit**, sondern die Zeit, zu der ein Abfall der Aktivität **auf** p = 25 % ihres Anfangswertes registriert wurde: T = 12 h. Der Quotient t/T entspricht dem x.

Abhängige Variable: Aktivität A(t), entspricht y.

Anfangswert: Anfangsaktivität A_0, entspricht C. Da lt. Aufgabenstellung nur **Anteile** von A_0 betrachtet werden, aber keine konkreten Werte/Maßeinheiten, kann A_0 als „ein Ganzes" (oder auch 100 %) und damit in dieser Form als gegeben angesehen werden.

Abnahmefaktor: Lt. der für diese Aufgabensammlung festgelegten Definition

„Der Wachstums-/Abnahmefaktor beschreibt den Anteil der zu untersuchenden Größe, **auf** den diese innerhalb eines bestimmten Beobachtungsintervalls (Verzinsungszeitraum T, Bleigleichwert D, ...) steigt oder sinkt"

ist a = 0,25. Denn **auf** diesen Anteil sinkt die Aktivität innerhalb des Beobachtungsintervalles T. Die gesuchte Funktionsgleichung lautet somit:

Lösung:

$$A(t) = A_0 \cdot 0,25^{\frac{t}{12h}}$$

Man beachte den Unterschied zu den Aufgaben 2 und 3: **Dort** war die **Halbwertszeit** das Beobachtungsintervall. **Hier** ist es **die Zeit, in der die Aktivität auf 25% ihres Anfangswertes abfällt.**

b) Geg.:	A_0	Anfangsaktivität von ^{99m}Tc
	a = 0,25	Abnahmefaktor
	t = 10 h	Zeit, zu welcher die Restaktivität gesucht ist
	T = 12 h	Beobachtungsintervall
b) Ges.:	A(10 h)	Restaktivität von ^{99m}Tc nach zehn Stunden

b) Lsg.:

$$A(t) = A_0 \cdot 0{,}25^{\frac{t}{12h}}$$

$$A(10h) = A_0 \cdot 0{,}25^{\frac{10h}{12h}}$$

$$A(10h) \approx A_0 \cdot 0{,}25^{0{,}83}$$

$$\underline{\underline{A(10h) \approx 0{,}315 \cdot A_0}} \quad \rightarrow \quad \underline{\underline{A(10h) \approx 31{,}5\% \text{ von } A_0}}$$

c) Geg.:	A_0	Anfangsaktivität von ^{99m}Tc
	a = 0,25	Abnahmefaktor
	T = 12 h	Zeit, in der die Aktivität **auf** 25 % ihres Anfangswertes abgesunken ist (Beobachtungsintervall)
c) Ges.:	$t = t_{1/2}$	Halbwertszeit von ^{99m}Tc

c) Lsg.:

Ansatz: Das zur Berechnung notwendige, aber nicht explizit gegebene A(t) resultiert aus der Definition der gesuchten Halbwertszeit: Sie ist die Zeit, in der die Aktivität **auf** die Hälfte ihres Anfangswertes abgefallen ist. Damit beträgt die Restaktivität A(t) 50 % von A_0, also ist $A(t) = 0{,}5A_0$.

Lösung:

$$0{,}5A_0 = A_0 \cdot 0{,}25^{\frac{t_{1/2}}{12h}}$$

$$0{,}5 = 0{,}25^{\frac{t_{1/2}}{12h}}$$

$$\lg 0{,}5 = \lg 0{,}25^{\frac{t_{1/2}}{12h}}$$

$$\lg 0{,}5 = \frac{t_{1/2}}{12h} \cdot \lg 0{,}25$$

$$\frac{\lg 0{,}5}{\lg 0{,}25} = \frac{t_{1/2}}{13h}$$

$$t_{1/2} = \frac{\lg 0{,}5}{\lg 0{,}25} \cdot 12h$$

$$t = 0{,}5 \cdot 12h$$

$$\underline{\underline{t = 6h}}$$

Man vergleiche mit der Halbwertszeit in Tabellen verschiedener Radioisotope.
Fazit: Das errechnete Ergebnis ist korrekt.

d) Geg.:	A_0	Anfangsaktivität von ^{99m}Tc
	$t = 10\,h$	Zeit, zu welcher die Restaktivität gesucht ist
	$T = 6\,h$	Halbwertszeit von ^{99m}Tc (Beobachtungsintervall)
d) Ges.:		Funktionsgleichung $A(t) = f(t)$
	$A(10\,h)$	Restaktivität von ^{99m}Tc nach zehn Stunden
d) Lsg.:	Ansatz:	Um eine zweite Funktionsgleichung mit der Halbwertszeit als Beobachtungsintervall aufstellen zu können, muss der Abnahmefaktor a ermittelt werden. Aus der Überlegung, dass die Halbwertszeit die Zeit ist, während der die Aktivität von ^{99m}Tc **auf** 50 % ihres Anfangswertes gesunken ist, folgt a = 0,5. Die gesuchte Funktionsgleichung lautet somit: $$A(t) = A_0 \cdot 0{,}5^{\frac{t}{6h}}$$ Mit dieser Gleichung kann die gesuchte Restaktivität ermittelt werden:
	Lösung:	$$A(t) = A_0 \cdot 0{,}5^{\frac{t}{6h}}$$ $$A(10h) = A_0 \cdot 0{,}5^{\frac{10h}{6h}}$$ $$A(10h) \approx A_0 \cdot 0{,}5^{1{,}67}$$ $$\underline{\underline{A(10h) \approx 0{,}315 \cdot A_0}} \quad \rightarrow \quad \underline{\underline{A(10h) \approx 31{,}5\% \text{ von } A_0}}$$
e) Lsg.:		Die in a) und d) aufgestellten Exponentialgleichungen führen trotz unterschiedlicher Werte von Abnahmefaktor a und Beobachtungsintervall T zum gleichen Ergebnis. Dabei beschreibt a genau den Wert, **auf** den die Aktivität innerhalb des Beobachtungsintervalles T abgesunken ist. Allgemein gilt: Jede Exponentialgleichung, bei der die Parameter a und T in o.g. Weise „aufeinander abgestimmt" sind, kann zur mathematischen Beschreibung ein und desselben Zerfallsprozesses verwendet werden.
Antwortsatz:...		

Die in e) gemachte allgemeine Aussage gilt ebenso für Wachstumsprozesse.
Eine nähere Beleuchtung der mathematischen Grundlagen exponentieller Sachverhalte würde den Rahmen dieses Arbeitsheftes sprengen. Interessierten wird deshalb entsprechende Fachliteratur empfohlen.

5. Ziel: Aufstellen und Lösen einer Exponentialgleichung. Anwendung Logarithmengesetze.

a - Geg:	$n_0 = 500$	Anfangswert der Bakterienanzahl
	$a = 2$	Wachstumsfaktor
	$T = 30$ min	Verdopplungszeit (Beobachtungsintervall)

a - Ges:	Funktionsgleichung $A(t) = f(t)$

a - Lsg:

$$n(t) = n_0 \cdot 2^{\frac{t}{30\,\text{min}}}$$

b - Geg:	$n_0 = 500$	Anfangswert der Bakterienanzahl
	$a = 2$	Wachstumsfaktor
	$t = 90$ min	Zeit, zu welcher die Bakterienanzahl gesucht ist
	$T = 30$ min	Verdopplungszeit (Beobachtungsintervall)

b - Ges:	$n(90\,\text{min})$	Bakterienanzahl nach 90 min

b - Lsg:

$$n(t) = n_0 \cdot 2^{\frac{t}{30\,\text{min}}}$$

$$n(90\,\text{min}) = 500 \cdot 2^{\frac{90\,\text{min}}{30\,\text{min}}}$$

$$n(90\,\text{min}) = 500 \cdot 2^3$$

$$n(90\,\text{min}) = 500 \cdot 8$$

$$\underline{\underline{n(90\,\text{min}) = 4000}}$$

c - Geg:	$n_0 = 500$	Anfangswert der Bakterienanzahl
	$n(t) = 10000$	Bakterienanzahl zu einer bestimmten Zeit
	$a = 2$	Wachstumsfaktor
	$T = 30$ min	Verdopplungszeit (Beobachtungsintervall)

c - Ges:	t	Zeit, zu welcher mindestens 10000 Bakterien vorhanden sind

c - Lsg:

$$n(t) = n_0 \cdot 2^{\frac{t}{30\,\text{min}}}$$

$$10000 = 500 \cdot 2^{\frac{t}{30\,\text{min}}}$$

$$20 = 2^{\frac{t}{30\,\text{min}}}$$

$$\lg 20 = \lg 2^{\frac{t}{30\,\text{min}}}$$

$$\lg 20 = \frac{t}{30\,\text{min}} \cdot \lg 2$$

$$\frac{\lg 20}{\lg 2} = \frac{t}{30\,\text{min}}$$

$$t = \frac{\lg 20}{\lg 2} \cdot 30\,\text{min}$$

$$t \approx 4{,}32 \cdot 30\,\text{min}$$

$$t \approx 130\,\text{min}$$

$$\underline{\underline{t \approx 2\,\text{h}\,10\,\text{min}}}$$

Antwortsatz...